UNREAD

Every Time I Find the Meaning of Life,
They Change It

每当我找到生命的意义，
它就又变了

[美] **丹尼尔·克莱恩** 著

李鹏程 译

Daniel Klein

北京联合出版公司
Beijing United Publishing Co.,Ltd.

每当我找到生命的意义，
它就又变了

［美］丹尼尔·克莱恩 著
李鹏程 译

图书在版编目（CIP）数据

每当我找到生命的意义,它就又变了 /（美）丹尼尔·
克莱恩著；李鹏程译. -- 北京：北京联合出版公司,
2025.4. -- ISBN 978-7-5596-8226-0

Ⅰ．B821-49

中国国家版本馆 CIP 数据核字第 2025TE5971 号

Every Time I Find the Meaning
of Life, They Change It

by Daniel Klein

Copyright © 2015 by Daniel Klein
All rights reserved including the
right of reproduction in whole or in
part in any form.
This edition published by arrangement with
Penguin Books, an imprint of
Penguin Publishing Group,
a division of Penguin Random House LLC.
Simplifed Chinese edition © 2025
by United Sky (Beijing) New Media Co., Ltd.

北京市版权局著作权合同登记号 图字：01-2025-0903 号

出 品 人	赵红仕
选题策划	联合天际
责任编辑	刘　恒
美术编辑	程　阁
封面设计	沉清 Evechan

出　　版	北京联合出版公司
	北京市西城区德外大街 83 号楼 9 层　100088
发　　行	未读（天津）文化传媒有限公司
印　　刷	大厂回族自治县德诚印务有限公司
经　　销	新华书店
字　　数	128 千字
开　　本	880 毫米 × 1230 毫米　1/32　7.5 印张
版　　次	2025 年 4 月第 1 版　2025 年 4 月第 1 次印刷
ＩＳＢＮ	978-7-5596-8226-0
定　　价	46.00 元

关注未读好书

客服咨询

本书若有质量问题，请与本公司图书销售中心联系调换
电话：(010) 52435752

未经书面许可，不得以任何方式
转载、复制、翻印本书部分或全部内容
版权所有，侵权必究

献给

萨马拉、丹尼尔和埃利安娜。

轮到他们了。

前言

不久之前,我在收拾一些书的时候,偶然翻出了一个封皮上写着"金句"(Pithies)的破旧笔记本,里面是些哲学家讲过的名言短句,都是我匆匆忙忙记下来的,每页一句,而且基本上每句下面都有一些字迹潦草难辨的评论。

我笑了起来。我都差点儿忘记还曾有过这么一个小小的摘抄本了。开头的记录里那些斑斑点点的污渍,无疑是钢笔的墨渍和污点。高中毕业时,父母曾送给我一支钢笔作为毕业礼物,这些笔记就是五十多年前的我用那支笔写给自己的。当时我应该已经十九或二十岁了,刚刚决定要到大学里攻读哲学专业。

做出这个决定——还有记这本笔记——的原因是,我希望从那些伟大的哲学家身上寻找到一些启迪,让我明白如何才能更好地生活。因为当时我对毕业之后想干什么完全没有头绪,只知道我不想当医生、律师、商人。结果，这样的排除法让我成了同学中"鸡立鹤群"的少数派。所以我就想，学哲学吧，正好可以给我指点一下迷津。

本子翻过大概一半之后，批注从钢笔换成了圆珠笔，下面的评论也减少为三言两语，全是"肯定还有更好的办法"或者"救命啊！"这种。最后一则笔记，是神学家雷茵霍尔德·尼布尔的名言："每次我刚找到生命的意义，他们就把意思改了。"在这句话下面，我写的是："你怎么现在才说！"当我最终合上"金句"，不再往里边记东西的时候，应该已经三十好几了。

几十年一晃而过，当我再翻看这个笔记本时，第一反应竟是对自己当年的幼稚程度感到羞愧难当。我真以为可以从哲学家身上学到如何过好我的人生？他们中的很多人可都生活在几千年前啊。我当时到底是怎么想的？

我当学生时，在那些哲学课本中读到的人生建议少之又少，无章可循。当时首先要回答的，是类似"我们如何知道什么是真实的""伦理原则有理性根据吗"以及"'意义'的意义是什么"这种问题。毕竟，我连"意义"有什么意义都还没搞清楚，就思考我或他人生命的意义，好像也没有什么意义。

这是真话。但与此同时，毕业季很快就会飞速到来，我也将要郑重地开始成年生活，所以我十分迫切地想得到一些关于接下来该做什么的建议。在随后的几年里,我在几个研究生院的哲学系进了又退,退了又进。而且为了养活自己,我还给电视游戏节目编写过智力问答和搞笑环节,给脱口秀演员撰写过喜剧段子,也出版过悬疑小说。我还游历过许多地方,其间都会拖着几本哲学书去。我仍然在不断上下求索着,想知道如何才能活出最好的人生。

时不时地,我还真碰到了一些极具启发性的建议,把它们抄在那个越来越破的笔记本里。直到某一刻,我突然醒悟,意识到自己心中所怀的使命感其实很幼稚后,便把"金句"和其他一些旧课本一同塞进了箱子里。也差不多就是在那个时候,我听到了约翰·列侬唱出的那句著名歌词:"你左顾右盼做着各种打算,却不知道生活已然过去大半。"[1]

如何尽可能地活出最好的人生这个问题,曾是哲学的核心追问,一直占据着亚里斯提卜、伊壁鸠鲁、苏格拉底、柏拉图和亚里士多德等思想家心头最紧要的位置。在此后的几十个世纪中,从人文主义者到自然神论者再到存在主义者,这个问题又是一大批哲学家眼中最根本的疑问。

然而在近代的西方哲学中,"如何生活"这个问题,却几乎

---

[1] 原词为"Life is what happens to you while you are busy making other plans",出自列侬为儿子所作的歌曲《漂亮男孩(心爱男孩)》[*Beautiful Boy (Darling Boy)*]。——译者注,下同。

退居到了认识论（我们如何知道什么是真实的）以及逻辑学（什么是理性和理性讨论的必要原则）的那些问题之后。除了个别令人满意的特例之人，当代的理论哲学家们都把"如何生活"的问题抛给了日间电视脱口秀主持人、打扮干练的励志演说家和穿着飘逸长袍的心灵导师。哲学专家的看法是，寻求如何生活这个问题的答案，绝对不是任何有自尊的现代哲学家该追求的事业。

真是可惜——我一边翻我的旧笔记本，一边这么想着。嘲笑完自己的年少无知后，现在我意识到，原来那些如何生活的问题仍然在我的脑海里活蹦乱跳着。当然，逝者如斯夫，我这有起有落的人生也就这个样子了，因为生活本就是如此，但我对有关生命的哲学观点的渴求，却丝毫没有消减。事实上，当我站在耄耋之年的制高点回望这一生时，仍然会想要以最好的方式去安度自己的晚年。不过更让人难以抗拒的是，我发现自己已经来到了那种想最后再好好端详一下我的个人历史的阶段。我很好奇，若以那些经过深思熟虑的有关美好生活的想法来衡量，我这一生合格吗？

因此，在"金句"中的最后一则笔记停笔四十年之后，我再次记录下了自己对很久以前抄录在笔记本里的那些哲学家名言的新思考，并开始收集、玩味一些新的语录。说真的，沉浸其中实在是让我乐此不疲。

这些语录中，有些总结归纳了一整套关于如何生活的哲学立场，有的则仅仅朝我这边抛来了一个令人振奋的高弧度曲线球，但当我站在生命的这一头思考时，所有的语录无疑都让我感到惊艳和赞叹。那些伟大的哲学家，仅仅用几个精心斟酌的词句，就能如此舌灿莲花、鼓舞人心，实在令我折服。我还认识到，一句言简意赅的哲学观点，对我这种年纪的人而言还有个优势，那就是当我读到末尾的时候，还能记得它的开头。

从个人角度讲，我一点儿都不介意大众媒体上的那些心灵导师或者励志演讲家，无论他们穿成什么样。我敢肯定，他们的确是在试图回应我们每个人内心的某种根本性需求。但是，那些伟大的哲学家提炼出来的那些关于美好生活的观点，是那么货真价实、鞭辟入里、历久弥坚，如果就这样被淹没在一堆时髦的口号标语之下，或者消失在一堆晦涩难懂的哲学语言分析之中，就真是太遗憾了。

所以在这里，我把自己收集的那些讨论如何生活的精练的哲学警句，以及针对它们逐一做出的个人评价，一并贡献了出来。尽管我的这些评论原本是想抛砖引玉，但有时候也会离题万里、恣意而为地信马由缰一会儿。而且，到现在我都没能为这些不相干的题外话找到什么令人满意的借口。

在决定要把这些"金句"分享给大家后，我曾试着为它们排一个合适的顺序。按照我抄记的时间先后？感觉有点儿过于主观了。按照类别？比如，幸福和快乐的人生，有意义或无意义的人生，追求灵性的人生，美好与公正的人生？但分类的问题在于，那些哲学家有太多太多的观点没法被归到某个单一的类别里。所以最后，我选择了按照个人化的关联方式来分类，即某个观点是如何出其不意地把我引向另一个观点的——换句话说，基本上是非常随意武断的一种方式。

喏，这就是我的"金句"了，旧的、新的都有，还附带了我的那些沉思与见解，年轻时的、年长后的。它们给出的问题可能比提供的答案要多很多，不过，这些问题是多么饶有趣味啊……

#01

"莫因渴望你没有的，而错过你已拥有的；要知道，你现在拥有的，也曾是你渴望的。"

——*伊壁鸠鲁*

（前341—前270），希腊哲学家

#享乐主义者

这是我在那本破旧的"金句"笔记本中记下的第一条。与享乐主义的情投意合，从我发觉它其实是一种久负盛名的哲学，而非某个以自我为中心的年轻人的白日梦的那一刻，便开始了。不过即使在当时，我也一定意识到了自己从来都是个谨小慎微的人。我很想痛痛快快地去玩，可又不希望玩得太过火。那样太吓人了。大概这就是我与伊壁鸠鲁心有戚戚焉的原因：他是个谨慎的享乐主义者。

近来，借着更多爱思考的学生的追捧，伊壁鸠鲁大有东山再起之势。他身上有一种类似新纪元运动[1]的东西，让人很是中意。而他的那些格言——在他去世千年之后，才在梵蒂冈图书馆中被发现——读起来也像由禅宗大师写的个性化的保险杠贴纸一样。这么说来，伊壁鸠鲁应该算是个"金句小王子"了。

在这则格言中，伊壁鸠鲁想要表达相互关联的两个论点：首先，欲求我们现在没有的东西，会削弱甚至抵消我们对现在已拥有之物的感激；其次，花点儿时间思考一下我们真的得到某种自己现在想要的东西的后果，就会发现那只会使我们原地踏步——开始渴望别的东西。所以，总的教训是：享受当下——花开堪折直须折（it's as good as it gets）。

在伊壁鸠鲁关于过上幸福生活的总体策略中，考虑后果这一原则有着根本性的地位。我们不但应该考虑清楚总是贪得无厌地想要更多的结果是什么，还要认真思考一下我们的全部欲望所带来的收益。比如，假如你随心所欲，把邻居的老婆给上了，你觉得自己的真实感受会是什么？如果把你的负罪感和安排偷腥时间的麻烦也算进去，这一切还值得吗？伊壁鸠鲁给那句古老的谚

---

[1] 新纪元运动（New Age Movement），又称新时代运动，是一种自20世纪七八十年代在西方兴起的社会与宗教运动，涵盖了灵性、神秘学、替代疗法等方面，并吸收了世界各个宗教的元素以及环境保护主义。但由于新纪元来自占星术（据说每颗星的气数有两千年，而当代正从"双鱼宫纪元"过渡到"水瓶宫纪元"），所以很多人对新纪元运动持批判怀疑的态度。

语——"许愿有风险，可能会应验"[1]——注入了新的力量。

如果我们希望享受幸福生活，就必须抛弃一些欲望。这位古希腊哲学家的谆谆告诫，会让时下很多人产生共鸣，人们开始看清了自己拼命想要获得更多东西、更大成就，其实是个无底洞。伊壁鸠鲁指出，这种人生奋斗的主要弊端就是，当一个人得到他刚刚向往的东西后，还会有更多的东西等着他去追逐，结果最后变得欲壑难填、永不知足。"我新买的玛莎拉蒂当然很棒啦，但我现在更需要的是一个高挑的金发妞儿/性感的罗密欧坐在我边上的副驾驶位啊！"

人之所以会堕入欲望的陷阱，是因为我们尊崇的完美主义在暗中作祟。我们深信，完美是高贵人格的标志，所以才会逼着孩子成为完美主义者。但是，完美主义的结果却是，我们总在寻找让自己或者自己的产品变得更好的途径。我以前认识一个成功的画家，她跟我说，在画廊看到自己的作品时，她总是在关注不足之处，总想着哪个地方本来可以画得更好。伊壁鸠鲁是对的：这种思考方式保准可以让人尝到永不满足的滋味。

那么，伊壁鸠鲁是在告诫理想状态下的我们，应该无欲无求地度过一生吗？仅仅满足于我们拥有的东西和在做的事情？把我们所有的欲望，甚至是性欲和对肉饼的垂涎，都扼杀在萌芽阶段

---

[1] 原文为"Beware of what you desire for you may get it"，这句话还有更常见的表述是"Be careful what you wish for"，意指任何事都有两面性，你可能会得到你想要的，但无法预料得到的后果是什么。

吗？只有这才是唯一一条通往幸福人生的康庄大道？

伊壁鸠鲁绝对是这么想的，而且他还是那种说到做到的稀有哲学家。他选择禁欲，是因为他相信性爱会不可避免地带来嫉妒、厌倦这类不快乐的感受。而且，虽然他的饭食仅比佛陀的"日进一粒米"丰盛一点儿，他也似乎很满足于只靠面包和水活着；偶尔放纵一把，也就是加点儿小扁豆。与很多哲学家一样，伊壁鸠鲁是个走极端的人，喜欢黑白分明这种选择方式的完美对称性，而不是殚精竭虑地去权衡选择的每一点利弊。但与其他哲学家的不同之处是，伊壁鸠鲁会把自己的纯粹主义哲学运用到生活中去。

我家的斯诺克斯（Snookers）是只天生的享乐主义狗。原因之一就是，它不会给自己的"狗生"做长远打算。要是在我们家的堆肥里挖出一条快要坏掉的鲭鱼，它绝不会因为吃下去后过几个小时会胃疼，就抗拒这餐美味的诱惑。它哪管什么以后啊！它就想着享受每一刻，根本不会分析未来的结局，真是可怜的家伙：这只小狗根本不知道如何比较它的选择，更别说什么利弊权衡了。我们人类才更胜任做那种事吧。

果真如此？对于我们预见满意结果的能力，现代心理学提出了严肃的质疑。哈佛大学心理学家丹尼尔·吉尔伯特在他那本了不起的著作《哈佛幸福课》（*Stumbling on Happiness*）中就曾论证道，从选择和谁出双入对到去哪儿安家，在预估什么能让我们感到幸福的问题上，人类的成绩一直都差得很。吉尔伯特说，多数情况下，我们通过仔细斟酌各种选择找到幸福的概率，基本上和抛硬币找到幸福的机会差不多。

即便如此，我还是在伊壁鸠鲁这种禅宗式的教导面前"躺枪"了。而且事实上，现在躺得比最初读到这句话时还要彻底。虽然我一般不会因为渴望更多而忽略当下，但却会因为经常幻想接下来要发生什么而远离现实。我现在才意识到，自己这一生有太多时间都花在了思考"接下来干什么"的问题上。比如吃晚饭时，我会想饭后准备读哪本书或者看哪部电影，却根本没注意细心咀嚼嘴里那美味的土豆泥。

事实上，我的人生主旨一直就是"接下来干什么"。小时候，我老是想着长大以后生活会是什么样；再后来，又会想大学毕业之后我要怎么活。凡此种种。就这样，我把自己的生活稀释到了寡淡无味，就如拉尔夫·瓦尔多·爱默生曾写道："我们总在为活着做准备，却没有真正生活过。"

世界几大主要宗教的根本原则之一，便是人世间的生活微不足道，它只是通向真正的生命——也就是永恒的来生——的舞台。我们在地球上的使命，就是为天堂的生活做准备，确保自己有资格去享受它。除此之外，人这芥子般的生命实在乏善可陈。这样，我们的人生就成为一个个无休无止的"接下来干什么"。

我们在人间的每一个时刻，都是为了来生。

当代的福音传教士会反复在他们的训诫和布道中强调这一点。比如，瑞克·沃伦[1]牧师就宣讲道："尘世间的生活仅仅是真正演出前的带妆彩排。你在死后度过的时间——永生——要比在这里长得多。人间是集结待命区，是幼儿园，是你为永生而做的测试，是真正比赛前的实践训练，是赛车比赛开始前的暖胎圈。此生，乃是来生的准备。"

我个人在"接下来干什么"这方面的冲动，远不如沃伦牧师宣讲的那般面面俱到，而且绝对不会获得他所承诺的伟大来生的报答。那么，如果连这好处都没有，我的习惯就真的完全说不通了。

不过，我现在不会在这上面苦思冥想了：浪费时间后悔任何事，肯定会让我错过眼前的一切。再说，我都这把年纪了，更不相信什么来生，所以我对接下来该干吗，还是很有把握的。

---

[1] 瑞克·沃伦出生于1954年，是美国福音派基督教的牧师，活跃于美国的宗教和政治舞台，被誉为"美国最具影响力的属灵领袖"。他在加州奥兰治县创立的马鞍峰教会是全球最大、最知名的教会之一。沃伦也是多本基督教畅销书的作者，其作品《标杆人生》（*The Purpose Driven Life*）已售出超过三千万本。

#02

"生活的艺术在于及时行乐，而最强烈的快乐不是智识上的，也并不总是道德的。"

——亚里斯提卜

（前435—前356），希腊/利比亚哲学家

#享乐主义者

我还记得写下这则笔记时的内心所感：挑战啊！激将啊！其时，20世纪60年代正裹挟着激进的自由主义风气汹涌而来，而我也感受到了它对我的考验。突然间，伊壁鸠鲁那种谨小慎微的享乐主义就像一个懦弱的男人在吹牛——我在吹牛。

亚里斯提卜才是货真价实、狂放不羁的享乐主义者啊。他不会像伊壁鸠鲁那样，对快乐析毫剖厘；也不会考虑"如果/就会"，对贸然行动的潜在危险和不良后果有所踌躇；更不会警告

你寻欢作乐时要处处小心，生怕你伤到或者叨扰了别人。而且很显然，他也不会借着美德之名对你横加指责。

不，这位古希腊哲学家反而怂恿我们追求快乐时要无所不用其极，别怕弄脏了自己。他希望我们成为真正的享乐主义者，贴合这个词在今天的每一分含义：纯粹的快乐追求者。肉欲快乐的追求者！要展现出动物的本性！

亚里斯提卜说的是高大上的跑车和坐在副驾驶位上的性感金发妞儿/罗密欧吗？

如果你所谓的最强烈的快感就是指这个，那就是喽。

性爱派对呢？

想的话就去做吧，亚里斯提卜会这么说。

SM行为的始作俑者萨德侯爵[1]曾说过："快乐总是得自痛苦。"如果我们同意他的观点的话，那么看起来"生活的艺术"似乎还包含了一些转瞬即逝的受虐感。

是啊，这样一讲，真的有点儿像是吓人的挑战了，但我还是忍不住对亚式享乐主义的那种纯粹性感到几分钦佩。对自己这种"纯粹的快乐是生活的唯一目的"的哲学，亚里斯提卜并没有含糊其辞，反而逼着我扪心自问：真的有半享乐主义者这种人存在吗？如果有的话，剩下的那一半是什么？懦夫？

---

[1] 萨德侯爵是17—18世纪的一位法国贵族、政治家、哲学家和作家，他曾写过大量关于SM（施虐受虐）行为的色情作品，其中最著名的当属《索多玛的120天》。SM的英文全称sadomasochism中的sado-即来源于他的名字。

亚里斯提卜的导师是备受尊敬的苏格拉底，他主张人要过一种美好、公正的生活，而不是毫无约束地嬉闹作乐。这么说来，最终背弃导师的教导，亚里斯提卜花了很大的勇气吧。而且很显然的是，亚里斯提卜在这方面还很八卦和恶毒——如果他在《论古希腊人的奢侈》(*On the Luxury of the Ancient Greeks*)中的所言尚有可信度的话（很多学者认为不是他写的）。在这段类似八卦报纸《国家询问报》(*National Enquirer*)报道的历史记载中，亚里斯提卜喜滋滋地大泄天机，说柏拉图曾经和许多男孩嬉闹调情过。从某些角度来讲，柏拉图的这种调情，似乎并不是美好和公正的雅典人该有的行为。但问题是，同人生哲学一样，伦理规范也会随着时间的变化而改变。

亚里斯提卜把伊壁鸠鲁享乐主义的基本前提乾坤颠倒，变成了追寻人生快乐的指南。比如，伊壁鸠鲁会要求我们约束控制住自己的欲望和抱负，从眼前的一切中获得最大的快乐；而亚里斯提卜则会催促我们积极地去操纵眼前的一切，以便将我们的快乐最大化。人是自身快乐穹顶的建筑师。

根据亚里斯提卜自己的人生来评价的话，他操纵眼前一切的方式之一便是游历四方——从他的出生地昔兰尼（在古利比亚）到雅典，到罗兹岛，最后又回到了昔兰尼。这在他那个年代，差不多等于周游世界了。而这种方式对他而言，一般适用于以下情况，比如，他看烦了自己雅典居所阳台外的风景后，或厌倦了光鲜迷人的莱斯——他最喜欢的雅典高级妓女——的臂弯时，就会打包走人。

亚里斯提卜改造自己周围环境的另一种方式是购物血拼。很显然，这位先生酷爱奢侈品，是那种"谁在死前玩过的东西最多，谁就是人生赢家"的享乐主义流派的早期代言人。而他之所以负担得起这种自我放纵，是因为他会向自己的哲学学生收学费——这种行为可是被信息自由的早期推动者苏格拉底和柏拉图所憎恶的。当然，伊壁鸠鲁也会强烈反对，理由就是他的人生准则：奋力争取任何东西，即便只是玩具，也绝对会错失无忧无虑的人生。对于伊壁鸠鲁来说，无忧无虑的人生才是真正快乐的人生。

二十八九岁时，我曾在希腊的伊兹拉岛居住过一段时间。在那里，我见识了另一种被亚里斯提卜那种"无所不为"型享乐主义搅动起来的焦虑。当时，我经常和一位外国侨胞一起闲逛厮混，他的名字叫哈比卜，是一位富得流油的伊朗人，从小在巴黎长大。哈比卜是那种被称为"公子哥儿"[1]的人，他富有的父亲认为这个任性的年轻人太给自己丢脸，于是给了他一大笔钱之后，把他扫地出门了。哈比卜有时间，有金钱，更别说还有外貌，基本上可以为所欲为。而且，他完全不在意自己的行为符不符合传

---

1 原文为法语 fils à papa，直译就是"爸爸的儿子"，常指有钱人家那些从小娇生惯养，长大后挥金如土、不务正业的男孩，含义有点儿类似网络语言中的"富二代"。

统规范，是否为社会所接受。简言之，哈比卜完全有能力享受亚里斯提卜那种所谓的完美人生。

但是，他却被自己面临的各种选择搞得焦头烂额。如果跟卡特里娜共度良宵会更让人神魂颠倒，那为什么要跟索菲亚过夜？如果喝茴香烈酒喝到酩酊大醉会更好玩更刺激的话，干吗要抽大烟？或者两样都干行不行？我经常会在卢卢酒馆的阳台上遇到这个因为犹豫不决而呆若木鸡的年轻人。他因为太有钱而深感尴尬的样子总让人很困惑，我每次都要忍住不去讥笑他。但对他而言，那可不是什么好笑的事情。享乐主义让他很焦虑。

尽管如此，我还是觉得亚里斯提卜这种毫不含糊、直截了当的享乐主义，让人有种耳目一新的感觉。与其他哲学家的思想相比，他的想法并不含有太多的理智，而且这么想还无可厚非，因为他坚信，智力上的快感是无法媲美感官上的那种愉悦的。

斯诺克斯肯定会赞同亚里斯提卜，要是它理解赞同是什么东西的话。但也正因如此，我个人才无法认同亚里斯提卜的这种生活艺术：我实在无法将自己简单地视作一个只有动物欲望的动物。请别断章取义，我喜欢，也钦佩动物们，尤其是斯诺克斯。可无法否认的是，我更拥有人的意识。我猜要不是亚里斯提卜逼我一下，我还认识不到自己到底有多以人类为中心吧。

如此说来，虽然性爱派对的幻想那么诱人，我却从没纵容自己参加过,难道就是因为我坚定的人性?或者要这么说,它也是我从未打算购置一衣橱阿玛尼运动夹克的原因?

必须承认的是,无论我怎么努力,都无法完全将脑中根深蒂固的焦虑感驱走——这种焦虑虽然与哈比卜的不同,却同样束手束脚。举个例子,我会担心参加性爱派对时,自己在那些狂热躁动的肉体下根本呼吸不过来。还有,我这个人懒散惯了,难道为了在东京证券交易所做点儿赚大钱的生意,真的要天不亮就从床上爬起来?毫无疑问,这些焦虑正是我对性爱派对和劳心费神、只图赚钱的工作心生异议的真正因由。严格来讲,这算不上哲学立场,但却是事实。

#03

"基因工程和纳米技术将会终结所有拥有感知力的生物的痛苦。这项工程雄心勃勃，同时在技术上也切实可行。它不但具有工具理性，而且还是道德义务。"

——戴维·皮尔斯
（1960— ），英国哲学家

#享乐主义者

老朽我经历过美国生活中几段"感觉好就是真的好"的不寻常时期，所以思考享乐主义时，会禁不住好奇当代的哲学家们是否与时俱进，跟得上我们这个时代的骄奢淫逸。哎，结果我发现，他们还真跟上了——而且远不止于此。

我认识一名年轻活泼的哲学系学生，经他介绍，我接触到了当代一位颇具前瞻性的哲学家和教主级人物——戴维·皮尔斯，也就是备受欢迎的在线读物《享乐主义的当务之急》（*The*

Hedonistic Imperative)的作者。皮尔斯绝对是位令人振奋的思考者。他迫使我抚躬自问:生活中还有比每时每刻都感觉好到不能再好更有价值的东西吗?于是,皮尔斯先生被我收入了最近才重新翻开的笔记本。

皮尔斯那些观点的基本前提主要引自两位传统哲学家:伊壁鸠鲁和18世纪英国社会哲学家杰里米·边沁。从伊壁鸠鲁那儿引用的信条是,幸福的人生应该心神安定(ataraxia,没有恐惧)和无痛(aponia,没有痛苦)。从边沁那里引用的则是功利主义观点——一切行动都应以为最多数人提供最大的幸福为指引原则。皮尔斯认为,这两个原则不仅是不证自明的理念,而且还要求我们尽一切所能让全世界都充满幸福。

皮尔斯为享乐主义传统增加的是一个如何完成这一构想——创造一个人们永远没有痛苦、不会绝望的世界——的与时俱进(以及超前)的技术方案。他的理解是,"通过基因预先设定出比当下的峰值体验还要高出很多数量级的幸福梯度,我们的后代将会更具生命活力"。也就是说,以后时时处处都将洋溢着人们的笑脸。

这听起来全然就是科幻,但皮尔斯是纳米科技(利用单个的原子、分子制造各种设备,如电子线路)、基因工程和策划药[1]方

---

[1] 策划药(designer drug)又称设计师药物、化合致幻药。这种药品的化学结构和功能类似于受管控的药物,如某些毒品或兴奋剂,但是经过了专门的合成和结构设计,可以避免在常规的药物测试中被检测出来。

面的专家。很显然，当我还在安静地品啜着伏特加汤力时，生物医学却在忙着为所谓的"情绪神经调节"，研究数量多到令人咋舌的新奇方法，包括经颅磁刺激、中枢神经系统修复、神经电刺激植入。

皮尔斯不但声称"终结所有拥有感知力的生物的痛苦"是一种"道德义务"，而且还非常自信地认为，这就在我们技术能力所及的范围之内。在避开痛苦这个问题上，伊壁鸠鲁给出过他的蓝图，而皮尔斯只不过为我们提供了一个更先进的新蓝图——高科技版的享乐主义——而已，但解决的问题是一样的。

不过，考虑到人类状态的某些局限性，我的确很好奇皮尔斯的计划是否具有可行性。我对纳米科技的全部了解，用一个分子就可以装下，但我倒是读过一点儿关于意识变异状态方面的文化史。

17世纪中期，印度和锡兰的茶叶刚刚登陆英伦时，喝过茶的人写下了热情洋溢的文章，歌颂这种"催眠品"[1]简直让他们欣喜若狂。有些人说喝过之后，连续几日都无法入睡，一杯这样的东西就能让他们兴奋不安、意乱情迷。根据18世纪一位评论家的叙述，由于喝茶很容易习惯成自然，所以没过多久，整个不列颠就养成了对茶的严重依赖。那么，为什么21世纪伦敦的普通女性一

---

[1] 催眠（hypnotic）中的"眠"有一定的误导意义。催眠状态指的是一种意识恍惚的替代心理状态，与睡眠有着根本的不同，被催眠者并没有睡着，但是其自主判断、行为能力非常微弱，极易受到外界指示的诱导。

天喝五杯茶却看起来很淡定，远远没有达到狂喜的程度呢？因为以前的茶更浓、劲儿更大？

可能性不大。更可能的是，亢奋、恍惚、迷醉的状态总是相对于"正常的"意识观念而言，这个正常既是针对个人，也是针对他身处的文化。几个世纪以来，基本上所有英国人都养成了"茶的意识观念"。这倒不是因为那里每个人都喝茶，而是因为有足够数量的人喝过或者在喝，由此而来的意识观念成了常态。从茶的意识中生发出来的文化影响着日常语言与人际互动，最终变成了成功的社交活动过程的一部分。假如几乎每个人都经常食用致幻蘑菇的话，"致幻蘑菇的意识观念"就会成为我们的常态。如果你在一个以致幻蘑菇为食的社会生活很长一段时间后，就会发现他们的语言和通常理解的指示物，与你家餐桌旁的谈话是明显有区别的。这些吃蘑菇的人讲的是迷幻意识的语言，而且随着时间推移，你也很可能掌握那种意识和语言，而与你吃不吃蘑菇没有关系。同样，电脑和社交媒体在我们还未完全意识到的情况下，改变了我们文化的观念体系，影响了我们对于正常的注意力持久度和人际亲疏关系的惯常理解。

最终结果就是，后来人们就把茶（或蘑菇、电脑）的意识观念当成了一种正常的意识形态，而不是更高级或优秀的状态。与亢奋的感觉产生反差的是日常的意识；我们感觉到亢奋，唯一的途径是有东西能让你觉得比平时更亢奋。那位伦敦的贵妇要想感觉更欣喜若狂一点儿，就应该试试别的东西，比如，在喝茶的时间来一两杯苏格兰威士忌。但很显然，这只在某段时间内有效，因为一段时间之后，"苏格兰威士忌的意识观念"就会成为她之后的惯常意识。不过值得注意的是，在我的印象中，那些天天都酩酊大醉的人并不见得是特别快乐的家伙。

20世纪60年代时，我的朋友汤姆·卡斯卡特和我曾经玩过LSD（致幻药）。有一次，汤姆突然不再兴高采烈地环顾四周，而是一脸严肃地宣布："欸，人总是可以更亢奋一点儿的，对吧？"

答案非常令人痛心，那就是——可以，我们总可以更亢奋一些。我们能这么做的原因是，人在某个时刻只能具备一种意识，而不管这个意识是什么，都可以被超过。虽然我们对此也心知肚明，但那些玩过致幻药的人对这一点的体会会更强烈。他们能亲眼看着自己的意识以及与这一意识联系在一起的狂喜感受从一个层面跳到另一个层面上，而这本身就是一种极度令人头晕目眩的意识。事实上，在我们到达这条镜子长廊的尽头之前，大脑的尺寸限制会让我们停留在超验的轨道之上。

现在的关键是，知道我们总可以更亢奋一点儿，是很让人郁闷的一件事。这就意味着，我们永远也无法到达快乐的顶点，因为根本就没有这个点。那边总会有座更高的山。对于一个寻找终极快乐的人来说，这个认识无异于当头棒喝，一切都变得微不足道起来。不过别担心,我们现在坐着的这座山头很快就会成为新的意识常态,而我们的幸福感多多少少也还是原来的老样子。

实验心理学家称其为我们"幸福感的设定值"。他们的研究显示,诱发的快乐对于我们的幸福感并不能产生持久的作用。他们所谓的"享乐跑步机"的论点认为,对于已获得的幸福感层次,我们会不断地去习以为常,所以最后又回到了我们情感底线的那个层次。

这个"设定值"理论既让我感兴趣,又使我迷惑的地方就在这里:如果大家最终都会回归到某种底线情感的话,为什么有些人的底线会比其他人高呢?而且为什么有些文化的底线也要比其他文化高呢?

在不同的社会中,幸福的整体层次显然也不同。欧洲南部的人自我评估的总体幸福感要比欧洲北部的人高出不少。意大利人和希腊人要比德国人和荷兰人更爱笑,而且更能从日常的简单事情中获得快乐,比如享受一顿不慌不忙的午餐,无所事事地坐着闲聊,等等。(这很有可能就是北欧与南欧因欧元问题在经济关系上剑拔弩张的根源所在吧。北边的欧洲人认为南边的欧洲人太懒惰,南边的欧洲人则认为那些北方人根本不懂怎么才能活得幸福。)我曾在罗马教了一个学期的书,当时从报纸上读到过一则调查普通罗马人的一天都被哪些事情所占据的报道,结果发现罗马人花在吃饭、打盹儿、闲扯上的时间要比柏林人多很多。而我最喜欢的一项数据是,普通罗马人每天会腾出一个半小时的时间来听音乐。这恐怕是享乐主义最无与伦比的状态了吧!

不管怎样,皮尔斯也不会接受这个设定值理论。他指出,抑郁的人服用百优解(Prozac)后,会感到比没服用这种抗抑郁药之前好很多。而且大多数人只要继续服用,就可以保持住这种感觉。还有就是,大多数人都能非常清醒地意识到自己比抑郁的时候改善不少,心中对这种药充满了感激之情。那么,皮尔斯问道:为什么我们不可以都吃药,或者干脆接受神经电刺激植入,让我们一直这么好下去?或者如皮尔斯所言,让我们"感觉比挺好的还要更好一些"?他坚持认为,我们的社会和精神分析学家为愉快感和幸福感设立的基点有些太低了。他写道:"如果我们重新调适自己情绪的标准设定值,那么就可以更成功地落实最大快乐的原则,到时候连边沁的那些狂想都得靠边站。"

但皮尔斯在这里有点儿避重就轻。很大一部分服用百优解的人需要不断增加剂量才能保证抗抑郁的疗效。那么,这有可能是因为一段时间后,他们用这种药物制造的快乐感的设定值又开始让人感到生活暗淡无光,甚至抑郁了吗?神经电刺激植入会不会也发生同样的情况?皮尔斯并未完整回答幸福的相对性这个问题。

那好,再问一个:随时都感觉很爽的可能性有多真?若要快速回顾一下我这一生中那些最狂热喜悦的时刻,我会把性经历放在首位。但我想让自己的一生变成一个漫长的性高潮吗?哈,我可不这么觉得,而且我也不是从年龄角度考虑这个问题。一辈子的性高潮不但会在一两个月后变成沉重的负担,更有可能变得单调乏味。我肯定会开始怀念那些不太热烈的情感。

但在这一点上,皮尔斯早就替我想好了。他声称,他的计划会解决这个问题,可以把我们的感受调整到某一时刻我们正好想要的程度。那么,当我们正处在某个人工合成出的情绪中时,就可以预先决定下一个合成制造的情绪了。我想,如果要我选,我会先来点儿纵欲狂欢,再来一段至福的小插曲。

不过话说回来,即使皮尔斯这种"感觉很好"的乌托邦真的可能在不久的将来实现,问题也仍然存在,那就是这是个好主意吗?

大多数人不会苟同,因为他们对这种人造状态首先就很反感。他们认为,如果你只是由于受了经颅磁刺激才感到快乐,那就不是真正的快乐。事实上,这正是将大多数人和大部分老鼠区别开来的地方——老鼠们显然不会介意它们的快乐幸福是人为诱导的。在一项被广泛引用的鼠类行为研究中,老鼠会持续不断地按下能刺激它们颅内快感中枢的控制杆,一直到昏死过去为止。而为了保持这种快感不间断,它们甚至可以不吃、不喝、不睡。

但人们在人造快乐这个问题上,态度并不始终如一。举个例子，很多反对人造快乐的人，在一天的漫长劳碌之后，会给自己开个绿灯，喝几杯波旁威士忌"放松一下"。偶尔来点儿镇静剂也可以，或者下午喝杯红牛提提神。但是，经颅磁刺激？想都别想。那东西就是不正常。

在我迄今为止碰到的那些对人为诱导情感的批评中，最具说服力的来自乔治·桑德斯的短篇故事《逃离蜘蛛头》(*Escape from Spiderhead*)。在这个未来主义寓言中，主人公是某项实验的研究对象，该实验通过手术将一个叫"随身滴"的仪器移植到了他的后腰上，然后将可以改变思维和情绪的药物输送到他的体内。在一次实验中，他被安排和一个叫希瑟的女人同处一室。起初，他觉得这个女人很让人倒胃口，可一旦身体里被压进去一种经过精准滴定的爱/性药物之后，他立即就被她迷得神魂颠倒了。希瑟也被下了药，于是两个人干柴烈火地云雨了一番。他确信，希瑟就是自己的完美伴侣、梦中情人。接着，他被人用药物实施了情感戒断，不再对希瑟有丝毫兴趣。随后，又被安排与一个叫瑞秋的女人重复同样的实验，结果他感到这个女人才是他唯一的真爱。男主角这样说道：

> 在我的脑海中，希瑟的双唇尝起来堪称完美。但很快，它就会被瑞秋的樱桃小口取代掉，我现在更喜欢这个味道。我心中充满了前所未有的情感，虽然这些情感（我在自己意识的某个地方

可以分辨清楚）与我早前和希瑟在一起时的感受一模一样，但此一时彼一时，现在希瑟对我来说就是一具一无是处的躯壳。我想说的是，瑞秋才是我的真爱。

至高无上的爱，找到求之不得的灵魂伴侣时的全然快乐，就这么被降格为一滴滴的药水。一旦实验对象知道这一点以后，即便他拥有的情感再怎么强烈，他都会明白，他的爱终究是毫无意义的。（当然，有些读者可能会认为桑德斯的故事实际上绝妙地批判了那些虽没被下过药，但同样变幻莫测的人的心。）

从内心深处讲，相对于人造现实，我们最终还是更倾向于日常现实。哈佛大学已故哲学家罗伯特·诺齐克曾提出过一个简单的思维实验，名叫"体验机"（Experience Machine），希望判断出我们在选择日常现实还是人造现实这个问题上的站位：

"假设有一架体验机可以提供任何你想要的体验。超级棒的神经心理学家可以刺激你的大脑，使你认为或感觉自己正在写一部伟大的小说，或正在认识新朋友，或读一本有趣的书。但整个过程中，你其实是漂浮在一个水箱里，脑袋上插满了电极。那么你会一辈子都连上这个机器，预设好你的人生体验吗？……当然，你并不知道自己在水箱里，而会觉得一切都在真实发生。……你会连上吗？"

结果，最终大部分参与这个假想情形的人都觉得，自己不想连上机器,因为他们希望真真切切地去做某些事情,而不是仅仅拥有做它们时的"感觉"。人们还是对日常现实有一种起码的忠诚,认为这才是唯一真实的现实。

但皮尔斯对那些人造快乐的反对者没多少耐心。他很愿意指出的是,麻醉剂在19世纪中期开始被用在手术上时,人们也发出过强烈的抗议,认为它很邪恶。有个产科医生就坚决拒绝将"麻醉气体疗法"用在痛苦的分娩上。他写道,分娩之痛"象征的是最令人向往、敬佩和符合传统的生命力",而麻醉剂并不是生命力的表现;它不自然,所以不正当。皮尔斯的这则逸事,很容易让我们想起人类在面对新方法时那种与生俱来的执拗,但在我看来,却并没有切实回应我们对"真实"的日常现实的偏好。

小说《美丽新世界》(*Brave New World*)启发出的一个观点,可以有力地驳斥皮尔斯的这个美丽新世界。在阿道司·赫胥黎虚构的未来社会中,人们过着幸福无忧的生活,而这些全都要拜一种名为"唆麻"的麻醉药所赐。赫胥黎用辛辣挖苦的笔调写道,这种药"拥有基督教和酒精的一切好处,却没有它们的坏处"。好吧,有一个坏处,那就是服了"唆麻"之后,人会变得呆滞、懒惰和缺乏想象力。批评皮尔斯的人担心,他所谓的普遍享乐主义,造就出来的就是这种社会:从地球的这一头到那一头,一堆又一堆的木头脑袋。

基本上,这种"没有痛苦,就没有收获"的论据是为了保存人类的各种情感(如挫败感、好胜心及焦躁不安),因为它们是发明之母,是进步之母,是人生长远观念之母——比如说,担心全球气候变化或者自然资源耗竭的人生观念。要是这些情感缺席的话,我们还一动不动地坐在这边心满意足、欣喜若狂呢,地球那边早已陷入一片困顿了。

但事实是,情况远比这个复杂。根据很多心理学家的研究,人们越开心,他们的友谊、婚姻、工作表现、健康和收入就会越令人满意。简言之就是,没有痛苦,但收获更多。

经年悲观成瘾的哲学家亚瑟·叔本华为我们提供了"没有痛苦"这个问题的另一个观点。他信奉的是一种类似"没有痛苦,会更痛苦"的情形。叔本华认为,像皮尔斯所述的这种心满意足的世界,最终只会让我们变得比以前还绝望。他在《悲观主义研究》(*Studies in Pessimism*)一书中写道:"如果世界是一个奢华、舒适的天堂,土地上流淌着牛奶与蜜,每个王子都可以毫不费力地获得公主的芳心,那么人要么会无聊死,要么会把自己吊死。"

或许在皮尔斯这种感觉良好的乌托邦中,某种深具存在主义的东西真的危在旦夕。大概我们还需要忍受一些痛苦,才能成为真正的人吧——比如,意识到我们终有一死的那种痛苦,意识到我们的局限性和失败都在所难免的痛苦,意识到存在本身的诸多神秘之处的痛苦。没有了这类意识,我们就是些傻呵呵的动物，而我们的生命在存在主义的层面也将会空无一物。不过话又说回来，要是我们时时刻刻都感觉阳光灿烂的话，谁还在乎存在主义的那些玩意儿。

有时候，皮尔斯那种人类能幸福美满的论点，看起来就像是享乐主义吃错了药，让人觉得他更多憧憬的是一个疯狂的幻想世界，而在那个世界里，我们都已不再是真真正正的人类。不过，也恰恰因为这一点，我才认为这位年轻的哲学家简直卓尔不群。因为在我知道的哲学家中，还没有哪一位能像皮尔斯这样，迫使我们思考享乐主义的根基——难道我们生命中想要拥有的，就只有快乐吗？

对任何人生哲学而言，这恐怕都差不多算是首要问题了。

#04

"生活摇荡如钟摆，于痛苦与无聊间徘徊。"

——亚瑟·叔本华
（1788—1860），德国哲学家

#形而上学者、伦理学家

好吧，我交代：我的确隔三岔五就渴望好好地悲观一次，尤其是在生活里要面对点儿小灾小难的时候。当自己遇上啥糟糕事了，只要想想生活对每个人而言其实都挺烂的，心里就会有种麻木不仁的慰藉感。在这种时候，还有谁比忧郁先生叔本华更适合请教的。我记不清到底是什么时候把这句话抄到笔记本里的，不过我敢打赌，肯定是在某个情绪低到谷底的时期。

虽然有点儿难以置信，不过叔本华本人却被认为是个享乐主义者。因为他主张幸福才是生活的终极目标，只不过他觉得要达到这个目标基本上比登天还难。同伊壁鸠鲁一样，他将幸福与快乐定义为恐惧和痛苦的缺席。而且一如伊壁鸠鲁，叔本华也相信，降低我们的期待才是消除忧郁感的不二法门。这位德国哲学家直白地讲道："不想太过悲惨的话，最保险的方法就是不要期望能很开心。"真是大爱"太过悲惨"这几个字，叔本华都不屑于采用伊壁鸠鲁所说的"不高兴"一词。

从这儿开始，叔本华的哲学一路下坡，还是很陡的那种。在他的皇皇巨著《作为意志与表象的世界》(*The World as Will and Representation*)中，叔本华写道："生命的短暂常常被人哀叹，却可能是生命中最好的部分。"在《存在的虚无》(*The Vanity of Existence*)一文中，他又写道："人的生命一定是某种错误。这一点的真实性足够明显了，因为我们只需要记住，人是欲望与需求的综合体，极难被满足；而且即便被满足了，他能得到的也只是一种无痛苦的状态……这就直接证明了存在本身是毫无价值的。"当然，这之后就是他那令人超级沮丧的"钟摆"名言了，咱们都晓得的。

在他充满失败与孤独——没人买他的书，也没有大学请他当老师——的成年生活中，叔本华偶然读到了婆罗门（印度）典籍《奥义书》(*Upanishads*)最早的西方译本。尽管这种东方哲学在骨子里会更积极一些，但在那充满神秘/玄学的文字中，他还是为自己的哲学找到了深深的共鸣。《奥义书》认为，人只有变得超脱与顺从，才能体验到平和接受生活的感觉。而叔本华在人生晚期逐渐开始吸纳的，正是这种态度。

在这段最后的时期里，他写道："*Oupenk' hat*[1]（受佛教启发的印度教经文）一直是我生命的慰藉，直到我死去。"对叔本华来说，承认自己感受到某种程度的慰藉，基本上就跟别人喊出"哇靠"差不多。

这些东方的文字似乎极大地改变了叔本华的人生，不过有点儿反讽的是，这种改变的方式却非常单调平凡。六十多岁时，他出版了一本名为《附录与补遗》（*Parerga and Paralipomena*）的书，书里大部分都是炒他那些悲观哲学的冷饭，不过也有很大一块是些朗朗上口的警句。比如，"很多时候，只有失去之后，才懂得事物的价值"，以及"每天都是一段小生命，每日醒来起身是一次小出生，每个新鲜的早晨是一次小青春，每晚休息睡去是一次小死亡"，还有"荣光虽不必赢取，但必不能遗失"。

呵，一堆陈词滥调吧，但是许多人还觉得这些话就跟伊壁鸠鲁的格言一样说得挺好，让人着迷。不过要谈到叔本华作为一个写作者的发展历程，《附录与补遗》那种一句话概念的格式，很大程度上要得益于他读过的那些东方宗教典籍，尤其是《大

---

[1]《奥义书》有众多版本，包含的篇目也不尽相同。*Oupenk' hat* 指的是首批被翻译成波斯语的五十篇奥义。后来，这五十篇又从波斯语被翻译成拉丁语和德语，从此开始在西方世界流传。

梵经》(*Brahma Sutras*),也就是吠檀多/印度教那些通俗易懂的警句。

《附录与补遗》成了当仁不让的畅销书,霎时,忧郁先生成了全城景仰之人,妖艳动人的女子、辉煌富丽的派对与读者来信蜂拥而至,他那种悲观的享乐主义终于找到了自己的听众。人们在他这种狂飙突进运动[1]中发现了一种近乎可怕的浪漫,而且最吸引人的地方是,你在去柏林那家时髦的鲍尔咖啡馆的路上,就可以读完那些朗朗上口的简短句子。

20世纪的哲学家伯特兰·罗素一般被认为是个非常大度的人,但他却把叔本华评价为一个极品伪君子。罗素写道:"他一直都在高级餐馆大快朵颐;还有不少肉欲多于激情的风流韵事;他非常喜欢与人争辩,还极端贪婪……所以很令人难以置信的是,这样一个深信禁欲与克制的人,却从来没有在实践当中哪怕表现出一点儿他那些所谓的信念。"

罗素这么写,其实有借个人好恶攻击叔本华哲学之嫌。但话说回来,叔本华的哲学实质上是一种对待生活的态度,而这种态度又可以被理解为一种心理现象。悲观是人的一种感受,会影响人们观察事物的方式。这种感受或许促成了哲学的诞生,但说到

---

[1] 狂飙突进运动(Sturm und Drang)是18世纪60年代末到80年代初德国在文学和音乐领域掀起的一场变革,也是文艺形式从古典主义向浪漫主义过渡的阶段。狂飙突进时期的作家受启蒙运动的影响,歌颂"天才",主张"自由"和"个性解放",其表达多从感性认识出发,因而言辞热烈、富有感染力。歌德的《少年维特之烦恼》是这一时期的代表作。

底，无论是感受还是哲学，都无法被证明。如果让现代心理学家去分析叔本华的生活，他们看到的会是一个自卑问题很严重的人在一鸣惊人之后，克服了抑郁，成了一个派对动物。我理解罗素的出发点，因为重生后的派对动物叔本华干的那些事情，让我也很难去严肃地对待他那种悲惨的厌世之感。

我这辈子无论在什么时候，无论因为什么事，都从未把叔本华的悲观主义长期留在心里。即便在最惨淡的时刻，也总有东西会带着希望出现，让我重新振作起来——都是一些日常小事，但总能出人意料地让我重燃生活的欲望。

在伍迪·艾伦的电影《汉娜姐妹》(*Hannah and Her Sisters*)的结尾处，米奇这个角色（由艾伦饰演）发表了一段长长的独白，讲的是在人生的某个时段里，由于被叔本华的悲观主义过分左右，他曾尝试自杀。自杀未遂后，他跑到纽约的大街上轧马路，一时兴起钻进了一家电影院，里面正在放马克斯兄弟的《鸭羹》(*Duck Soup*)。米奇回忆道：

> 我就是需要一点儿时间来整理一下思绪，让脑子恢复逻辑，把看世界的角度重新放在合理的位置上。我上到楼上的阳台，然后坐下来。你知道吧，那部电影我从小到大已经看了很多遍，一直都很喜欢。我看着银幕中的那些人，又开始被电影吸引了。然后我就想，你怎么会想要自杀？这难道不是很愚蠢的行为吗？对

吧,看看那些银幕里的人,他们真的很好笑。而且,即便最糟糕的事情发生了,又怎样。

即便没有上帝又怎样,你只能在这人世走一遭,仅此而已。是吧,所以难道你不想经历一下吗?……然后,我放松地躺到了椅子上,开始真正地享受现在的我。

米奇/艾伦的顿悟,让我想起了奥斯卡·王尔德那句精辟至极的话:"我们都生活在阴沟里,但仍有人在仰望星空。"

#05

"真正严肃的哲学问题只有一个,那就是自杀。判断生命是否值得继续,就相当于回答哲学的根本问题。其他一切——诸如世界是不是三维的、精神有九种还是十二种范畴——都要位列其后。"

——阿尔贝·加缪
(1913—1960),法国哲学家

#存在主义者

抱歉我先在沙发上躺一会儿,因为我从来都没办法坐着读加缪的这段宣言。事实上,我把这段话抄到笔记本里时,正躺在一条幽暗绝望的阴沟里,放眼望去,连一颗星星都没有。不过直至今天,我都仍然相信加缪的训诫是完全正确且至关紧要的。

如果哲学的根本问题是"生命的意义是什么",那我们就必须解决个体生命是否值得继续的问题——答案就隐藏在其中。

（那些发自内心相信哲学的根本问题是思维到底有九种还是十二种范畴的人，可以不必往下读了。）

加缪这个观点的威力始于一个事实，那就是在这个世界的生物当中，只有人类拥有思索和清醒地做出自杀决定的能力。对那些认为鲑鱼冒着千难万险洄游至产卵地也是自杀的吹毛求疵之人，我只能回答，我敢肯定鲑鱼这么孤注一掷，绝没有经过深刻的哲学思考。而一个人若是神志清醒、活动自如，而且还算有随机应变能力的话，就可以自由地决定自杀，然后照做。

我们大多数人并没有真正思考过这种可能性。理智上，我们知道自杀是一种选择，却很可能从未真正想过，不会坐在一个灯光晦暗的房间里，全身心投入这个问题中去。那太可怕了。

在继续往下说之前，有一点需要郑重指出，那就是加缪忽略了自杀问题的心理学角度，即一个患有精神疾病的人内心可能承受了巨大的痛苦，以至于自杀成了唯一的出路、唯一的解脱。而多数心理医生会说，这类人其实有别种选择，如药物和精神疗法。更值得注意的是，他们会说有自杀倾向的人本质上就不是理智的——任何自杀之人的行为都是非理性的。当然，加缪会说，诚挚地思索自杀问题就是极端理性的行为。

我认识一位父亲，他的大女儿在二十几岁时自杀了。很长一段时间里，这个女孩都刻意与社会隔绝，大多数时候都自己一个人待在树林里。她的家人和朋友非常担心，求她去看看心理医生,但是她对旁人的关切置若罔闻。她也没有留下遗言解释自己为什么要自杀。很多人都因她的离世而悲痛万分。

她父亲伤心欲绝,离家出走了好几年时间。直到回来之后,他才看起来差不多接受了现实。他对一位朋友说:"我不光希望她还活着,更希望她能找到一个活着的理由。"这位父亲勇敢而又深刻地找到了这出悲剧的根源。

于我而言,对一个人思考自杀最决然和恐怖的描述,来自格雷厄姆·格林[1]那篇令人拍案的私人化散文——《墙角壁橱里的左轮手枪》(*The Revolver in the Corner Cupboard*)。

由于饱受难以缓和的空虚感困扰,少年时代的格林曾偷偷拿着哥哥的手枪,跑到伯克翰斯德的公共林地里玩俄罗斯轮盘[2]:他先装入一颗子弹,再转一下枪膛,然后把枪对准脑袋,扣下扳机。当只有一声咔嚓时(他每次玩都有),他会感到一种难以抑制的快感,"就像一盏灯突然点亮了……我感到人生充满了无限可能"。

加缪当然不会建议玩俄罗斯轮盘,一个原因是,这种行为最终把是否继续活着这个重要的存在主义问题,交到命运的手中。

---

1 格雷厄姆·格林(1904—1991),英国作家、剧作家、评论家,他的作品将通俗文学和严肃文学有机地结合在一起,善于探讨充满矛盾的政治和道德问题。
2 俄罗斯轮盘(Russian roulette)是一种自杀式赌博游戏,据称是因19世纪时俄国狱卒逼迫囚犯玩此游戏而得名。1978年上映的电影《猎鹿人》(*The Deer Hunter*)让这个概率游戏推向了全球,以致后来的电影中经常会出现类似的场景:一群参加者轮流持握只装一颗子弹的左轮手枪,旋转弹膛,将枪口指向自己的头部,然后扣动扳机。

但是，格林的行为仍以一种戏剧化的方式展示了为什么直面自杀可以让人找到活着的终极理由，且不论这个理由到底是什么。一个人一旦决然地明白了生存与否是自己的选择之后，就会到达要么有理由活着要么没有的关口。模棱两可结束了，选择继续活着——选择生命——就成了创造自己生命意义的前奏。我们选择继续活着是有理由的，即便这个理由没有多明确具体，仅仅是"我不想死"而已。

当加缪在《局外人》(*The Stranger*)[1] 中写下"如果你一直在寻找生命的意义，那你就永远没有活过"这句话时，从另一个角度表明了同一个观点：人生的意义不能靠我们去找，而是要靠我们来创造。只有通过沉思自杀，我们才能彻底见证自己创造的意义。

---

1 作者引用的出处有误。这句话实际上出自古典书局（Vintage Books）1976年出版的 *Youthful Writings*，主要收集了加缪年轻时（1932—1934）的一些作品。

#06

"我的第一个自由意志行动将会是相信自由意志。"

——威廉·詹姆斯

（1842—1910），美国哲学家

#实用主义者

当然，在我选择生命的意义之前，最好先问问自己是否拥有自由和独立的意志来这么做。

如果说伊壁鸠鲁是"金句小王子"，威廉·詹姆斯就是"金句CEO"。在我所知晓的有关自由意志信仰的讨论中，詹姆斯用上面这句话给出了最为简洁和有效的论断。

从亚里士多德时代开始，自由意志与决定论的争吵便甚嚣尘上，但最近脑科学界很多尖端前沿的新发现据说帮助决定论者在争论中逐渐占了上风。因为脑电图显示，我们的头颅里有数量惊人的因果关系在发生，连决策行为也不例外。这些科学家声称，我们所谓的自由做决定，其实就是弹来蹦去的原子们在毫无章法地随机运动而已。

这绝对值得我好好想一想，不过在想之前我要先暂停一下，讲讲有史以来我最爱的哲学新闻头条：《邓普顿砸重金贬斥哲学》。

这则新闻讲的是邓普顿基金会（Templeton Foundation）悬赏440万美元，征集自由意志问题的终极答案。应征者佛罗里达州州立大学哲学系和该系学科带头人阿尔弗雷德·密尔眼都没眨，就接受了这笔经费。毋庸讳言的是，无论哪里的哲学系都从来没被赞助过这么多钱。研究"为什么会有事物存在而不是什么都没有"这种哲学问题时，人们连几千块钱都不肯吐出来，那为什么佛州州立大学的天降横财会被认为是贬低哲学的工具呢？

追踪钱的来源就可以了。邓普顿基金会的CEO、亿万富翁约翰·邓普顿是个原教旨主义基督徒，曾捐给加利福尼亚大学500万美元，资助其研究濒死体验对来生的可能性会造成什么影响。即使在不是哲学家的人看来，邓普顿先生也似乎是在花钱证实自己最深切的信仰，基本上类似于生产抗抑郁药帕罗西汀（Paxil）的制药业巨头葛兰素史克捐给某大学实验室120万美元来研究治疗抑郁的有效方法。（事实上，葛兰素史克真这么做了，实验结果得出的结论是，帕罗西汀这类药确实有效。）

我禁不住好奇，邓普顿先生认为自己的钱买来的是什么？难道他觉得某位哲学家或者脑科学家能找出严丝合缝的理由证明来世存在，那来世就一定存在，然后他就可以安心离开这个世界了？虽然可以料到学术人士会被报酬多少而左右，但邓普顿先生对学术界如此信任，还是叫人动容。

不过，为什么邓普顿要在这个时候砸重金，加入自由意志和决定论的争吵当中呢？

毫无疑问，是因为目前脑科学决定论者风头正劲，如果他们所言不虚，那就会给道德责任问题带来一系列骇人的后果。如果人并没有自由意志，那为什么要为他所做的坏事承担责任呢？都是那些弹来蹦去的原子指使他干的啊。这种可能性尤其令邓普顿先生这样虔诚的基督徒感到心惊肉跳。决定论会对罪孽和救赎的概念造成何种影响？此外，脑科学家的论据中还含蓄地表示，宇宙中的一切都可以被简化为物质，精神可以被简化为脑细胞的活动，这就意味着最终只有脑细胞才是真实存在的。在哲学层面上，哲学科学家是一元论者——他们拒绝了那些既相信物质也相信非物质（如精神和不朽灵魂）的人们所持的二元论观点。但邓普顿先生的心愿清单上，是肯定没有一元论的。

插播完了赞助商的广告，现在我们再回到自由意志与决定论的争论上来吧，因为这会影响到那些准备肩负起存在主义者的重任,执意要去创造自己人生意义的人。

威廉·詹姆斯这种眼里不揉沙子的实用主义,一直都对我有一种吸引力。他的目标是要让哲学关切到真实的生活,例如自由意志这个问题,就被他用自己一贯的敏锐处理得非常巧妙:"我的第一个自由意志行动将会是相信自由意志。"

在此,他想要强调的重点是,世界上并没有什么客观和科学的方法,可以证明自由意志的存在。即便使用X光机(X光被发现时,詹姆斯仍在世),你也肯定看不到它。因此,接受自由意志的存在,就相当于接受了一种信仰,那是某种我们可以选择相信的东西。而此处隐藏的,就是詹姆斯的那个小玩笑:选择相信任何事情都是意志造成的;没有意志,选择也不存在。事实上,你怎么可能"选择"不相信自由意志?要是这样的话,一定是有什么决定因素迫使你做出了选择。所以,詹姆斯关于自由意志的宣言中,包含了某种十分奇妙的迂回圆满。通过做选择这种行为,他事实上已经接受了自由意志的观点,而在此处,他所做的选择又恰好是相信自由意志的存在。

詹姆斯这个决定中的实用主义部分就是,相信自由意志是本能的感受。这对于有知觉的人类而言,具有至关重要的意义,是作为"我"的基本要素。不过,要是我们察觉到相信不可控的力量决定着我们的行动会对我们更有利或让我们更心安,我们就会立即改口,抬出"是魔鬼指使我干的"那套来。"陪审团的女士们、先生们，当你们给我下判决的时候，请回想一下我童年曾遭受巨大创伤的事实——是我的教养逼我这么做的。"还有一个是我最喜欢的"奶油蛋糕抗辩"——是我吃下的奶油蛋糕里的那些糖分让我扣动了扳机，出自旧金山的一起真实的谋杀案庭审。

我很好奇，如果一个人觉得他的每个选择都是命中注定的，那他的行为会有所不同吗？他该怎么做才能让注定的事情发生？而且，到底是谁在决定让事情以哪种方式发生呢？以这种方式度过一天，似乎都不现实或令人满意，更别说一辈子都这样了。

但威廉·詹姆斯可不是一个天真的哲学家，完全满足于他的实用主义主张，认为只要视自由意志存在就行了（我恰恰相反，对此毫无异议）。多年以后在哈佛大学神学院对学生发表演讲时，詹姆斯以一种令人兴奋、极富想象力的方式——也是我最喜欢的哲学方法、思维实验——探索了自由意志的问题。

他先问道："当我说，演讲完后选择走哪条路回家是一个极为模糊的概率事件，我想表达什么意思呢？……意思就是（我脑子里想到的选择是）神学路和牛津街，但是我只能选一条，随便哪一条都行。"

然后，他就开始异想天开的思维实验了：

"想象一下，我先走的是神学路，然后假设主宰宇宙的力量倾其所能，彻底销毁了十分钟时间，让我回到了这个大厅的门前，就像我第一次做选择前那样。再想象，其他一切都不变，但我这次做了一个不同的选择，要穿过牛津街。你们是被动的观察者，在一边旁观，看到的是两个平行宇宙——在其中一个宇宙里我走的是神学路，另一个我走的是牛津街。现在，如果你是决定论者的话，你会认为这两个宇宙中的一个不可能来自永恒：你认为它不可能，是因为其中包含了一种固有的不合理性或偶然性。但是，如果观察这两个宇宙，你能说出哪个是不可能和偶然的吗？我怀疑，即便是你们当中最坚定的决定论者，也无法在这一点上讲出个所以然来。换句话说就是，任意一个宇宙——事实既成、无法更改之后——在我们的观察和理解中，都和另一个一样合理。"

这个主张不太好理解，不过可是个好东西。

#*07*

"*存在先于本质。*"

——让-保罗·萨特
（1905—1980），法国哲学家

#*存在主义者*

第一次读到萨特和他的存在主义同好阿尔贝·加缪的东西后，我便心醉神迷了。这可是关于人生、关于寻找意义、关于自身行为方式的哲学。诚然，其中有些内容是很抽象，让人迷糊［有个学生跟我说，他试着读了一下萨特的《存在与虚无》（*Being and Nothingness*），可读到"虚无"两个字的时候，眼睛就直了］，但这不正是我一直以来寻找的那种哲学吗？

如果来场大比拼，用最短的话概括一整套哲学立场，萨特上面的这几个字肯定会赢——或者至少可以与乔治·贝克莱的"存在即被感知"（Esse est percipi）打成平手。当代存在主义的基础就是建立在萨特那句话上的。

而他所说的，就是人不同于物品——比如我的烤面包机——不能用他的特性来定义。烤面包机被制造出来是为了烤面包，烤面包的能力就是它的目的和本质。但是，我们人类可以创造和改变自己最根本的特性和目的，所以说人拥有某种无法更改的、决定性的本质是说不通的。首先，我们存在；然后，我们创造自己。而我的烤面包机想做也做不到这一点。

当然，萨特并不是在说我们可以自己创造我们的身体特性。我没办法让自己变高，也不能让自己在摩洛哥出生。但那些重要的东西，那些本质上让我成为一个独立个人的特质——比如，我希望怎么生活，我要用有限的生命来做些什么，我愿意为什么献出生命——是由我来决定的。它们是人人都可争取的，我也有份儿。

萨特和他那些一起喝咖啡的存在主义小伙伴——加缪和西蒙娜·德·波伏娃，用一种威廉·詹姆斯式的方法解决掉了自由意志与决定论的难题：他们的第一个自由意志行动就是宣布存在先于本质。

现在，我们言归正传。萨特描述的，并不仅仅是指这个潜质是人类独有的，而且是在规诫我们要张开双臂拥抱它，以及对由此我们会成为哪种人负起责任来。如果我们抬脚逃开人的这种能力，就等于抛弃了我们的本质存在，让自己成了一件普通物品。

萨特列出来的那些我们无意间将自己变成物品的各种行为——那些好像在表明本质先于存在的行为——让人不寒而栗。我们双肩一耸，说几句话，就把创造自己的责任推得一干二净了："我就是这样的人"，"我抽烟是因为我有成瘾性人格——我就是这种人"，或者"我信仰的是亚伯拉罕的神[1]，因为我妈是这么跟我说的——我的成长方式就是这样的"。另一种逃避的方式是，将我们的本质天性等同于某个已被预先设定好的角色身份。比如，某位妻子会说："我是别人的妻子，这就是我的身份。"当然，我们选择"妻子"的身份，是完全真实的，但要是我们认为自己已经预先被这身份决定好了——这就是我们无法更改的本质天性——我们就把自己变成了一个物品。

根据萨特所言，由于犹太-基督教的教条说，我们一出生上帝就决定了我们的本质，这是上帝的特权，所以从历史来看，我们倾向于将自己视为某种物品。不然，认为我们可以决定自己的特质，就成了一种亵渎和不敬。但是，我们一直在逃避创造自己这一责任的主因，还是那么做太可怕了：如果我是自己命运的主人，结果我的命却不怎么好的话，就谁都不能怪，只能怪自己了。

---

[1] 亚伯拉罕的神（God of Abraham）是一句意第绪语的犹太祈祷文，通常由女人和女孩在安息日结束时祷念（男人们则在教堂里参加晚祷）。

归根结底,这个存在主义概念比任何其他生活哲学都更能引起我的共鸣。生命的意义不是找到的,而是自己创造的,这种观点颇合我心意。事实上,它似乎还是绝对不可或缺的。

#08

"从存在中收获最大成果和快乐的秘诀就是：过危险的生活！"

——弗里德里希·尼采
（1844—1900），德国哲学家

#语言学家、哲学家、社会批评家

正当我还沉浸于存在主义自由的欣喜当中时，一位大学友人给了我一本尼采的《查拉图斯特拉如是说》（*Thus Spake Zarathustra*）。她是想以这种方式告诉我："你还是再好好想想吧，小子。"

尼采认同是我们创造了自己的人生这个观点，却坚持并非所有选择的人生意义都是被平等创造出来的，有些意义从内在上就要比其他的好一些——好出一个关键数量级。在读尼采之前，我一直觉得，如果把一切都考虑进来的话，悠闲逍遥的生活可能会让我感到最快乐。没啥大起大落，全是简单的快乐——低调的美式伊壁鸠鲁主义。所以，我或许应该以家乡那个不错的家伙弗兰克·巴斯比为榜样，来设计我的人生。巴斯比是个快乐、慷慨的人，也是个很棒的父亲和丈夫，做着自己喜欢的工作，还是志愿者消防队里一位颇受爱戴的成员。我觉得这生活听着很不错。毕竟，我的生活最后还得由我来创造，对吧？

别急着下结论，尼采说道。我们中的有些人，有能力去过一种超乎寻常的生活，我们有责任去追求它，全面参与到他所谓的"肯定生命"中去。

或许巴斯比满足于按照既定的宗教、社会原则和规范，简单舒服地度过人生。但尼采却认为，巴斯比是个懦夫，所以才选择这种人生。事实上尼采说的是，巴斯比根本就没有选择他的人生，而是接受了社会给他写好的剧本后，按部就班地生活而已。他无法摆脱自己的"羊群效应"，因为他首先就没有真正意识到自己是羊群的一分子。巴斯比无法诚实地面对自己和内心的感受。结果就是，他从来都没有彻底地活着——他从来没有真正地活过。

那么，我真的还想像巴斯比一样度过我的一生吗？

弗里德里希·尼采的文章、著作和格言涉及范围甚广，而这些领域中又有很大一部分被追随他的哲学家和心理学家们做出过各种各样的解读。但是，在人应该如何活着这个问题上，尼采却毫不含糊地支持"做真实的自己"这种激进的观念。

首先，一个有志于达成这种个人真实的人，不能再靠那些所谓超越生命的事物——如神或者灵魂——来解读自己，而是要把它们抛到一边。人存在于这个世界中，因此这里一定是他的出发点。对他而言，远离自己的心理和智力遗产将会是一场持久的挣扎，一种一直潜伏的危险。

但是，勇敢的人们寻找的这个真实自我的性质是什么呢？尼采相信，人们在内心深处发现的，不会是什么美好的东西。他写道，如果我坚持不懈的话，会在自己的内心深处发现"疯子""没道德的人""小丑"和"罪犯"。直到那时，我才会最终收获一点儿有价值的东西。然后，我就准备好让我真正的本质变成现实了，而这个现实看起来和弗兰克·巴斯比的没有任何共同点。

当代哲学家托马斯·内格尔用一句话言简意赅地阐明了尼采的可替代选择："关键在于……一个人要面对自己所有错综复杂的状态去生活，而这些状态比那些八面玲珑地游走在世间的文明人所知晓的要更黑暗，更矛盾，更像是冲动与激情、残忍与欣喜和疯狂间的一场混战。"

是啊，这听起来绝对像一种危险的生活方式。

20世纪六七十年代时,那种寻找真我并将它完完全全表达出来的观念蔚为风尚。为了追求这个目标,我们很多人接受了精神分析或群体治疗,修炼冥想静坐,参与马拉松式的谈话,试图拆穿抛弃一切阴谋诡计、痴心妄想和互相欺瞒的鬼话屁话。不少爱情和友情在此过程中土崩瓦解的情景,依然历历在目。

致幻药先驱和这一时期灵修大师界的领军人物蒂莫西·利里曾告诫我们,要"打开心扉,自问心源,脱离尘世"。他的信息显然带有尼采的况味,正如他在引导冥想"如何操控你的大脑"中所讲的:"纵观人类历史,我们这个物种在面对诸如我们不知道自己是谁,也不知道在这个混乱的大洋中会漂向何处等令人恐惧害怕的事实时,都是权威——政治、宗教、教育权威——在竭力安抚我们,给予我们秩序、规则、管理和传达——在我们的脑海中形成——他们对现实的看法。为自己思考,就必须质疑权威,学会如何将自己置身于一种脆弱的开放思维和混乱、迷惑的脆弱性状态中,让自己学习领会一些东西。"

我们中的很多人都认定,我们的"真我"被因循守旧的社会扼杀掉了。于是我们辞职的辞职,退学的退学,选择了上路。我们发觉,自己内心深处最想要的,是自由的灵魂,对谁都不用负责。我们随心所欲地行事,不管这欲是疯狂的还是不道德的、可耻的甚或犯罪的。有些人的牛仔裤口袋里还插着一本破破烂烂的《查拉图斯特拉如是说》。

那些年里，我笨拙地横跨在墨守成规和不守成规的世界中间。我会用几年时间老老实实挣点儿钱，然后跑到某个未知的地方待上很久。有段时期，我曾白天在一个电视游戏节目打工赚钱，晚上和周末则"别有所求"。这种"混搭"并不容易，不过也有欢乐的时刻。某个周一，我到《摘星游戏秀》(*Reach for the Stars*)办公室的时候，还有残留的LSD在我的神经系统里优哉游哉。我在这个节目的职责是想出各种滑稽动作让参赛选手表演，比如，把一条五十码的紧身短裤穿在你的裤子上，然后给你三十秒时间，把十个气球塞到短裤里，但是不能把它们弄破。那个周一的早上，我在办公室真是思如泉涌，效率奇高。

虽然试着平衡这两种生活方式经常会让我表现得像个伪君子，但它也有个好处：让我从别的角度理解了我正目睹发生的一种新的墨守成规——"嬉皮士"的盲从。

有一天，我正往地铁走，准备去《摘星游戏秀》，有个同龄人过来跟我搭讪。我当时穿着丝光黄斜纹工作裤和格子衬衫，他则是一整套嬉皮士"皇袍"加身——磨破了的喇叭裤、扎染的T恤，头上绑着色彩斑斓的头带，里面还插着一根长长的羽毛。我十分欣赏他这一身打扮——看起来很喜兴、大胆。他对我说："给我一美元吧，兄弟！"我不太想给他一美元，就没给。结果他朝我趾高气扬地怒视一眼后，咬牙切齿地说："完全不出我所料——你这人真不入流。"

或许他说得对，我真的不入流，但这又让我突然意识到，在顺从了嬉皮士那种要么"不入流"，要么"入流"的二元伦理道德观之后，这个人和50年代那些郊区人士一样成了墨守成规的人。他把自己视为"入流"的那一伙人，而我则是"不入流"的圈外人。这跟高中生活如出一辙，只不过这个圈里的人穿的不是校足球队队服，而是一件扎染的T恤。

最终，我们中的很多人，无论是潮还是不太潮，都在不经意间停止了与仍在内心涌动的那些矛盾做挣扎。就像巴斯比一样，我们逐渐开始安于现状，接受我们"赞爆了"的新生活。

或许对某些人来说，有严厉的警察、不满的父母在，生活仍然充满了危险，但我们又对内心不一致与存在主义恐惧的危险避之不及。一个真正的尼采主义者，会直面生活中每一个这样的时刻。比如，很少见嬉皮士会承认，他内心中的某个部分——很微小的一部分——其实很愿意和一妻二子一条狗舒舒服服地过日子。

在同一时期，"自我实现"成了心理诊疗的家庭作坊。独树一帜的心理学家亚伯拉罕·马斯洛[1]写道："自我完善的欲望，就是越来越成为自己，实现一个人所能达至的一切的欲望。"他相信，"自我实现"应该成为所有心理诊疗的终极目标。尼采给过

---

[1] 亚伯拉罕·马斯洛（1908—1970），美国社会心理学家，提出了著名的人本主义心理学和马斯洛需求层次理论。

一种危险但真实的生活开出的处方，现在已经转换成一种让人自我感觉良好、过得快活的方法。

必须承认的是，在过去几十年中，我似乎并没有什么把内心最深处的自己搜刮出来的兴趣。因为一段时间之后，这个追求就开始变得徒劳无功起来。我总是刚找出一个自我来，就发现下面还藏着另一个——层层叠叠的自我探不到底。或者，用我一个朋友的俏皮话讲就是，"原来我们从里到外都肤浅"。

我知道尼采肯定会劝我面对现实，继续和这无穷无尽往后退的内心矛盾做斗争，但事到如今，我却更愿意花时间与我变成的那个人握手言和，不管他是变好还是变坏了。到末了，与其孜孜以求变成"超人"（ubermensch），我更愿意好好做个"人"。我选择的是伊壁鸠鲁的花园[1]里那种安静宁和的享乐主义。这么说的话，我大概和弗兰克·巴斯比很像吧。

---

[1] 传说伊壁鸠鲁在雅典时，曾将自家花园当作讲学场所，并将学校命名为"花园学院"。

#09

"大自然以其惯常的善意，注定了人直到完全失去了活着的理由之时，才懂得该如何生活；直到无力再享受鲜活的快乐之时，才找到生活的乐趣所在。"

——贾科莫·莱奥帕尔迪
（1798—1837），意大利诗人、哲学家

#悲观主义者

要是发现亚里斯提卜的享乐主义才是正道，但我已经老到无福消受了，怎么办？这想法太可怕了！还是19世纪早期意大利著名诗人和哲学家贾科莫·莱奥帕尔迪很有种，直接用他那惯常的冷酷无情，戳破了这"人艰不拆"的窘境。这句话是我最近才偶然看到的——换言之就是，即使我想亡羊补牢，也为时已晚了。不过在刹那的自虐中，我还是把它抄了下来。

虽然莱奥帕尔迪出身高贵，且接受过天主教保守派牧师的私

人辅导,却转变成了虚无主义和悲观主义的权威代表。在他看来,生活就是无休无止的失望。莱奥帕尔迪的哲学用一句老话概括起来就是:"没有最糟,只有更糟。"

他眼中的生活,就像某句俄罗斯古老诅咒的大结局。比如,"你会在人行道上看到一块钱,但关节炎太严重,你根本弯不下腰来捡",或者我最喜欢的一句,"愿他们每年都能对你下一千个新的诅咒"。

这个意大利人认为,生活就是个大大的笑话:我们被赋予的生活充满希望,但收获的却是一个接一个的失望。呵呵。

哲学的悲观主义,并不单单是一种对生活的沮丧态度,而是对进步这个概念的驳斥。它责备的是西方那种热烈追求一个更完美世界的风气,是那些推动社会和政治运动的意识形态,更不用说我们尝试过的那些自我提升的策略。不管我们是否情愿,这个充满了暗门的世界都会随意将我们扔进沮丧和绝望的陷阱,所以致力于追求进步就是个玩笑,而且还是个很变态的玩笑。更甚的是,哲学悲观主义还朝那种因信仰仁慈、善意的神而产生的乐观主义胡乱开了几枪。

可是,莱奥帕尔迪这个悲观主义者身上,又有一种出人意料的乐观。只有当我们全然承认生活注定会是一场恒久的失望后,才可以好好笑它一笑,最终使我们变得无拘无束起来。这时,那种令人感到啼笑皆非、苦乐参半的乐趣才会开始出现。他的这种视界,十分类似于20世纪60年代那首存在虚无主义的流行颂歌——《一切不过如此吗?》(*Is That All There Is?*)。在这首歌中,佩吉·李唱道:"如若一切不过如此,朋友们,我们就继续跳舞吧/拿出美酒来,让我们一醉方休。"

莱奥帕尔迪写道:"就像那些视死如归的人一样,有勇气嘲笑的人才是世界的主人。"在他那本《实用哲学手册》(*Manual of Practical Philosophy*)中,他还涮了一把对幸福的追求:"如果你找的只是快乐,那你永远也找不到。你能感受到的只是 noia(意大利语'无聊'的意思,这里指存在主义的无聊),或更多的是厌恶。要想在任何行为或活动中感到快乐,你追求的就必须是快乐之外的其他目标。"

换句话说就是,追求幸福注定是死路一条,但如果你放弃这种追求的话,也许会活得更狂野自在一些。

莱奥帕尔迪那句直到老得没力气享受快乐时快乐才会出现的话,着实戳到了我这老家伙的痛处。是的,莱奥帕尔迪先生,很多"鲜活的快乐"的确随着似水年华付诸东流了。歌声从未像现在这样甜过,可是却越来越难于听清。这不是比喻,而是事实。不过,偶尔在夜深人静的时刻,我和妻子躺在起居室的沙发上,听雅克·布雷尔用我这微弱的听力刚能听到的音量,唱起他那美到让人心痛的《别离开我》(*Ne Me Quitte Pas*)时,我常常会觉得自己已经找到了某种心灵的宁静,而这种宁静胜过所有那些鲜活的快乐。

不过,我必须承认的是,其他时候我会禁不住去想:要是我在自己各种感官还很敏锐的时候,挑战了享乐主义的界限,会怎样?我这唯一的人生会变得更丰富一点儿吗?

这类想法只能让人悔之莫及。在这一点上,我完全同意伍迪·艾伦说的:"我人生唯一后悔的是,我不是别人。"

#10

"头脑里的货,至少和身体里的货同等重要。"

——伯特兰·罗素
(1872—1970),英国哲学家

#逻辑学家、人道主义者

多谢啦,伯哥,我现在正需要这个呢。人到了生命的这一头时,总是很容易忽略那些这头才独有的快乐,而其中之一当然就是沉静安宁、不慌不忙的思考。因此,我虽然最近才看到这句话,但还是立即把它放进了"金句"笔记本里。

罗素的表达方式总是让我很受用,充满了牛津剑桥式的英国腔,但又混杂着许多平头百姓的调调。比如"货"这个词,那不就是你在本地小商店里看到的东西吗?

罗素用这句话,将自己和一长串哲学家摆到了同一阵线上,相信思考能为我们提供人生最大的快乐。18世纪的社会哲学家约翰·斯图尔特·穆勒提出最大幸福的原则是功利主义的基本原则时，曾强调过纯粹的动物性快感不在此列。穆勒写道："做个快快不乐的人，也比做头心满意足的猪要好；宁做一个不快活的苏格拉底，也不要做个笑嘻嘻的傻瓜。"在他看来，快乐有高级与低级之分，而思想的乐趣显然是其中的高级货。且称它为大脑享乐主义吧，我思故我爽。

但罗素又不单单是在说思考是过上满意生活的先决条件，就像苏格拉底说"未经省察的人生不值得过"这句话时的意思一样，是认为省察人生恰恰是让生活值得去过的基本乐趣之一。他相信，思考本身就是快乐，甚至比"啪啪啪"还要令人满足。不过，值得一提的是，与禁欲的伊壁鸠鲁不同，罗素的性生活无论在婚内还是婚外，都是非常活跃的。所以当他谈到"身体里的货"时，可不是天真地纸上谈兵。有些货挺好的，而另一些货则非常非常好——那种你独自坐在安乐椅上，苦思冥想哲学问题时捡到的货。

罗素认为，哲学思考尤其能丰富人生。在他那篇美妙优雅、通俗易懂的文章《哲学的价值》（*The Value of Philosophy*）中，罗素展示了直面那些大问题到底会如何使我们自身得到延展。比如这些问题："宇宙有统一的计划或目的，还是仅仅是一大群原子的偶然聚合？意识是宇宙的永恒部分，所以智慧有无限增长的希望，还是仅仅是一个小小星球上转瞬即逝的偶然事件，因为生命在这里终将变为不可能？善与恶对宇宙来说重要吗，还是仅仅对人类而言如此？"

当然罗素也很乐意承认，这些问题最终是无解的。他说："那些已经有绝对答案的问题，都已经被归在科学里了，而那些迄今还没有得到明确解答的问题，被剩下来后组成了一种残留品，其名就是哲学。"正是那些无解问题的残留，让他感到了振奋和鼓舞。

罗素深谙的一点是，"很多人……倾向于怀疑哲学好不到哪里去，无非就是研究些天真但无用的鸡毛蒜皮，吹毛求疵地找找差别区分，以及争论一下哪些知识是不可能的这类问题"。

我那位科学家父亲就是这些人中的一个。半个世纪前，当我告诉他我决定读哲学专业时，他嘟囔了一句"精神自慰"之类的话。那时候，任何形式的自慰——无论精神的还是手动的——都会被认为是不健康，甚至是堕落的。一方面，那是反社会的行为；另一方面，它不会产生任何有用的东西。而我爸爸成长于大萧条时期，最看重的就是"有用"二字。他决然不会是享乐主义者，在他看来，学哲学就是在荒废时光。

罗素的信念恰恰相反。他写道："连一丁点儿哲学都不懂的人，一生都会被囚禁在偏见当中，这些偏见衍生自常识，起源于他那个年龄或国家的习惯信仰中，植根在他头脑中形成的那些坚定信念中，但这些信念的形成，又缺乏审慎理性思考的协助或许可。对这种人而言，世界是确定、有限、明白无误的，日常事物激不起任何疑问，不熟悉的可能选择会被轻蔑地拒绝……（但是哲学）能展示出那些熟悉事物的不熟悉一面，让我们的好奇心生生不息。"

我尤其喜欢最后那两句。个中缘由是，它们蕴含着我心目中专治无聊的最强效的灵药。

几个星期前，我做了一件史上最乏味也可能是最无聊的事——为了完成例行的体检，在医生的办公室里呆坐了一个多小时。我来的时候忘了带本书，而候诊室桌子上的杂志又没有一本能吸引我。[我曾经最喜欢在候诊室阅读《人物》(*People*)杂志，可现在这本杂志里的那些"人物"我一个都没听说过。唉，我的人生都已经到了这个节骨眼喽。]

很快我就走神了，开始思考起"等"这个概念。显然，等是有目标的，也就是等待的终点——预料的事情。它也暗含了耽搁的意思：百无聊赖地闲坐着，一直要等到什么重要的事情发生，也就是那件被耽搁的事。在这个意义上，等其实暗示了某种"无效时间"。

无论是那些我们通常无意识的时间段，比如睡眠，还是从佛教的角度看，那些我们醒着却没有提醒自己要保持清醒和全然留意到自身存在的时间段，都是无效时间。

然后，我又开始好奇，是不是每种语言都有"等"这个词和这种概念。在原始社会里，每个人的个人行为都是集体活动的一部分，那么原始社会存在"等"吗？在这个社会里，我们所谓的"等"——比如说，等着轮到自己去盛一点儿粥——本身就被视作一种活动呢，还是属于集体活动状态的一部分？对于斯诺克斯来说，类似我经历的那种等在它身上存在吗？随着晚餐时间的到来，它在狗食盘子边晃悠的时候，有没有某种对"等"的原始理解？

相信我，我十分清楚自己在候诊室里的那些遐想没有一点儿深度。但是，虽然它们小如芥子，却容纳着哲学的须弥：它们从好奇开始，引起了进一步的思考。一件再稀松平常不过的事情——在候诊室里消磨时间——被我从一个新的角度进行了观察。而且，我还顺带着研究了一点儿现象学，也就是20世纪早期思考意识结构及内容的哲学思潮。对吧，我刚刚还业余研究了一下"人类等待"的现象学。

我敢肯定，在我父亲眼里，这些只是更多的精神自慰而已。不过我完全理解他的看法。我的这些遐思无疑派不上什么实际的用场，但是，它们确实让我觉得自己更加充满生气，所以我非常感谢这种被哲学阅读滋养而成的思考能力。更何况，那些候诊室里的遐想的确帮我打发了时间呢。

在那篇文章的最后，罗素说："哲学的生活是宁静而自由的。"这句话其实是在向传统的希腊式享乐主义点头致敬,因为伊壁鸠鲁认为,没有什么生活比这样的生活更美好了,一份波澜不惊的生活充盈着无限的乐趣。但接着,罗素更上一层楼,将哲学思辨的人生目标提到了一个新高度。他总结道:"借助哲学沉思宇宙的伟大,头脑也会变得伟大起来,而后才有能力与宇宙结合在一起,构成其中的至善。"

这么一听,似乎罗素是把哲学当成了一种宗教。或许,我也终于找到一个自己心甘情愿加入的圣会了——当然,也得要人家愿意收我入会才行。

#11

"有老朋友的幸事之一就是,你可以尽情地在他们面前犯傻。"

——拉尔夫·瓦尔多·爱默生

(1803—1882),美国哲学家

#超验主义者

我把这句话抄到本子里的时候,还在上大学,年纪远没大到敢号称有老朋友的地步。不过我大概有先见之明吧,当时刚刚认识了一个新朋友,也是学哲学的,名叫汤姆·卡斯卡特。现在六十年快过去了,他还是我交情最深的挚友。

古往今来,一批人数蔚为壮观的哲学家——从享乐主义者到超验主义者——都将友谊列为了人生最大的乐趣。不是性爱,不是极限运动,甚至不是搞出一个原创的哲学见地,仅仅就是拥有一个好友而已。伊壁鸠鲁和亚里士多德是这么认为的，蒙田、培根、桑塔亚那和詹姆斯也是这么想的。这个长长的名单着实令人叹为观止，尤其是考虑到哲学研究大概是人们可以想见的最需要独自内省的职业之一这点后，这些哲学家对友情的珍视就更令人兴趣盎然了。或许只有孤独的人，才能全然领会友情的快乐吧。

当然，有些哲学家对友情抱持的态度比较负面。法国的箴言大师弗朗索瓦·德·拉罗什富科[1]就曾写道："人们所谓的友谊只是一种社交活动安排，一种彼此间的利益调整和互相帮助而已，归根结底是一桩交易。而在这桩交易中，利己之心总是想为自己赚点儿什么。"

是的，我们都有过这类关系吧——比如那些实际上更多是为了操纵利用而非互相陪伴的关系，那些更多把交往作为达到目的的手段而非目的本身的关系。但是，真诚、坦率、信任的关系也还是存在的。这一点可以用我最珍视的友谊打包票，而且我还无比荣幸地娶到了一个我愿意托付终身的人。

拉罗什富科对友谊的负面评价现在披上了一件更为阴险的外衣，开始大行其道，那就是所谓的"建立分寸感"。从菲尔医

---

[1] 拉罗什富科（1613—1680），17世纪法国的古典作家，代表作有《箴言集》。

生[1]到《今日心理学》(*Psychology Today*)杂志，精神健康的贴士专家们都对其深信不疑。这种观点认为，你应该有意识地设定一些界限，摆明你愿意和你爱的人或者为你爱的人做什么。这样你就不会在感情中被惹恼或激怒了。他们告诉我们，我们要有分寸感，愿意为朋友牺牲什么，可以忍受他们的哪些行为，甚至是能和他们聊什么，都要搞搞清楚。这样我们的友情才能更健康，更平和。

在《今日心理学》给出的《建立分寸感，让自己更快乐的十条贴士》里，第五条是这么说的："了解互惠法则——获得支持、爱和满意或满足感的最好方式是奉献出你自己，主动提供帮助，奉献你的时间，向你爱的人伸出援手。"

换句话说就是，要把你的人际关系建立在"有借有还"(quid pro quo)这种商业模式之上。这听起来完全就是拉罗什富科所谓的"社交活动安排，一种彼此间的利益调整和互相帮助"啊。难道我们所说的"友谊"就是这意思吗？

最近有个朋友跟我讲，多年来，她和丈夫愈加疏远，不过她已经制订好了一个明晰可行的计划来维持自己的婚姻。她说，他们夫妻二人的价值观早已分道扬镳，事实上对任何事物的看法都有天壤之别，两人除了吵架外，根本无法交谈。但考虑到还有三

---

[1] 全名菲尔·麦格劳（Phil McGraw），是美国一位非常著名的心理医生、畅销书作家和节目主持人，他的电视心理咨询节目《菲尔医生》在全美拥有众多观众。

个子女，她认为自己有责任将这段婚姻维系下去，因此就有了那个计划，而其中对什么可以谈，什么不可以谈，什么时候要暂时回避对方，都设定了严格的界限。在我听来，说它读着像防止互相仇视的员工大打出手的商务手册也不为过。朋友问我对她的方案怎么看，我如实地回答道，要是你心甘情愿，愿意完全放弃真正的亲密感，这方案听着还蛮不错的。

令人稀奇的是，朋友竟然对我的评论大感惊讶。她压根儿就没从这个角度考虑过自己的境况。长久以来，她的生活都缺乏真正的亲密行为，以至于她似乎都忘记了自己到底有多珍视和渴望它。没有哪种"分寸"方案可以改变这一点。实际上，她的方案只是把这种缺乏亲近可能性的生活变成了白纸黑字的规定。她意识到，自己最终要决定的是愿不愿意告别肌肤之亲，就这么走完自己的后半生。

不过我们还是回到爱默生讲的故交之趣吧。他说话的出发点我深有体会。几十年来，汤姆和我一直联系密切——E-mail时代来临后，我们每天都会联络一下。每年有一两次，我们会一起出去玩几天，住在B&B[1]或酒店，然后闲待着消磨时间。我们聊天，看电影，下馆子，然后再继续聊。这是享受，也是荣幸。

---

[1] Bed and Breakfast（住宿加早餐旅馆）的简写，最早起源于英国，是由普通人家多出来的房间收拾而成的简单民宿。

这些年来，我们互相安慰、鼓励，跨过了各自生活中的许多道坎儿。当然，有好事我们也会分享。而我在那些两人兴致勃勃讨论哲学问题的高谈阔论中学到的东西，也比在任何课堂上学到的都多。不过，要是说挑选我们一起度过的最疯狂快乐的时光，那一定会是那些我们直冒傻气，把对方逗得笑成傻子的场合。我们都足够信任对方，所以可以认认真真地一起犯傻，不折不扣的呆瓜那种。而在那沸反盈天的笑声中，恍惚间我会觉得连时光都停住了脚步，想要与那永恒的当下来一场欣喜若狂的邂逅。

#12

"我们的语言精明地体悟到了独自一人所包含的两种意味。它创造了'孤寂'这个词,来表达独自一人时的那种痛苦。它还创造了'独处'这个词,来表达独自一人时的那种荣耀。"

——保罗·田立克
（1886—1965），神学家

虽然我很珍惜真正的伴侣之乐,但也喜欢享受独处的荣光。而且,这种快乐随着我年纪日长,也变得越来越强烈。独处经常能让我感到内心平静,对活着有了一种纯粹的感恩。夏天的时候,我独自坐在我家小屋后面,眼前是一大片的长草与繁花,连呼气和吸气都成了一种享受。

妻子去蔬菜园子路过时,有时会向我投来俏皮的一笑。几年前有一次她问我,是不是在椅子上思考什么深刻的东西呢。我非常高兴地向她坦白说：我脑子里现在空无一物，不管是深刻的，还是浅薄的。独处之所以如此让人愉悦，什么都没想可谓功不可没。

沉迷于独处固然有点儿自私，但我不认为这是自我主义——我并没有坐在那里为我是我而自鸣得意。如果说真的是在庆贺什么的话，那也只是庆贺我是活着的。能纯粹地意识到自己还活着是一种享受，因为我和其他人在一起的时候，这种享受通常是感受不到的。它会被淹没在众人当中。

不过，在独处这个问题上，我不太像亨利·戴维·梭罗那么热衷。这位美国哲学家会连续几个月独自待在瓦尔登湖畔，而且很显然还在丛林深处思考着一些深刻的问题。梭罗写道："我还从未找到过一个比独处还友善的伴侣。"

我就做不到啦，因为我太珍惜和好友们在一起的时光了。不过，梭罗倒是让我想到了一项介于独处和与真正友善的朋友相处之间的活动，也就是在无法做到亲密交流时与人的相处。我们生活里有很多这样的情况——比如说派对，人们会在人群间来回穿梭，亲切地闲聊，虽然通常也令人愉快，却并没有什么私密可言。在这种场合，甚至连一种类似亲密感的东西都找不到。

这么一比，我还是更喜欢独处。这或许是因为我老了，感觉到时不我待，不想浪费一时一刻吧。我宁愿坐在自家屋后的椅子上，将不多的来日奉献给呼吸，也不想把时间花在一个又一个派对上。

我还注意到，日渐老去的斯诺克斯也越来越喜欢独自待着了。比起和我一起去散步，它更喜欢躺在亭亭如盖的枫树底下，抬着头嗅着过眼的云烟，偶尔摇摇尾巴，或许是嗅到了什么有趣的味道。

那么，这是否意味着年老之后的斯诺克斯和我一样变得离群索居了呢？放弃了那些曾经让我们的生活那么丰富的活动和际遇，就为了可以优雅地过渡到另一个虚无之境？我不知道。但我却知道独自坐在后院里时，我的人生充盈无比。

阿尔伯特·爱因斯坦曾用非常优美的语言表达了人生晚年时的这种现象。他写道："年轻时，独处令我痛苦不堪；成熟后，独处却成了一种愉快的享受。"

#13

"爱情是两个不同的身体里住着同一个灵魂。"

——亚里士多德
（前384—前322），希腊哲学家

如果亚里士多德知道他这简单的十几个字断送了多少段感情，大概会重新考虑一下如何措辞吧。对比这个版本的理想爱情，我们这平凡如园中之草的情事与婚姻，看起来比单调的灰色还要再深一度。难以避免的是，单调之后，不满也如影随形："我们看起来不像是同一个灵魂啊，亲爱的，不如就算了吧。"

我把亚里士多德这句话抄到本子里之前，就已经是个笃信灵魂伴侣的浪漫坏子了。那时候有谁不是满脑子的浪漫呢。小时候，我们听《乱世佳人》（*Gone with the Wind*）里白瑞德对挚爱信誓旦旦地表白："斯嘉丽！看着我！我对你的爱比对任何女人的爱都深，而且为你等待的时间最长。"我们全都相信了白瑞德的豪言壮语，尤其是那句"等待的时间最长"，因为很显然，如果每个家伙只能有一个完美的灵魂伴侣的话，即便有可能，我们也要等很久才能遇到那个他或她。

当黛西·布坎南向杰伊·盖茨比啜嚅着说出"我真希望我和你一起做过了世界上所有的事"时，我们会啧啧称羡，因为我们知道，如果没有完美伴侣的话，任何经历都只是为以后的真爱做热身。我们一遍又一遍地听弗兰克·辛纳屈哼唱那首赞美天定良缘的颂歌《非你莫属》(*It Had to be You*)。他在歌里唱道，自己何其幸运，等待着自己唯一的真爱，唯一一个可以让他"连悲伤地思念你，都觉得快乐"的人。

高中时读拜伦的诗，我们在人前说那是老生常谈的废话，私下却被诗人描写的那种深沉、不朽的爱情所俘虏："我将长久、长久地悔恨，这深处难以为外人道。"

所以，在大学里读到亚里士多德这条对爱的定义时，我已经没救了。当时，看到我那浪漫的幻想被这位哲学家演绎得如此精巧后，一种被认同的感觉油然而生。

在我们的时代，一个灵魂住在两个身体里这一信条，意味着每个人都有自己注定的灵魂伴侣；虽然我们还没有遇到他/她，但在内心深处都知道并爱着这个人。此外，寻找这个人的过程很可能漫漫无尽头。而且最重要的是，任何一个不是完美伴侣的人，从本质上来讲就是糟糕的候选对象。

我们很多人的结局往往是，伴侣走马灯似的换，却总是不符合我们的期待，不是我们想要的那个完美的灵魂伴侣，而且人家的个性/灵魂完全是他们自己的，跟我们的并不一样。我们从来就没意识到自己爱上的，其实是一个理想化的典范，而这个典范与血肉之躯（尤其是其中的肉）并没有什么关系。结果，好多人都倍感失望，因为我们与真正的灵魂伴侣做爱时，大地并没有像海明威［在《丧钟为谁而鸣》(*For Whom the Bell Tolls*) 中］保证的那样摇晃。于是，我们之中那些更善于分析的人，转而开始拥抱一个在当时比较流行的关于完美伴侣的标准——同步高潮。这个标准的优点是，它跟亚里士多德的三要素[1]一样，是可度量的。只须几次过夜的体验，就能决定对方是否与我们完美匹配，结果经常把性爱搞成了一件很不愉快的事。

亚里士多德的构想起源于一段对话。在他的老师柏拉图所著的《会饮篇》(*Symposium*) 中，苏格拉底和一些密友赞颂了爱神厄洛斯。讨论会上的一个成员名叫阿里斯托芬（在书中有虚构成分），他宣称，真正的爱人会互相吸引，因为我们的祖先是雌雄同体，头两边各长着一张脸，所以通过与对方结合，恋人们实际上可以让自己再次变得完整起来。亚里士多德的影响，在几个世纪后罗马诗人奥维德的作品中仍可窥见，比如，奥维德提到爱和

---

[1] 这里说的是亚里士多德提出的修辞三要素，指的是要做到有效沟通，演讲者就必须从人格诉诸（ethos）、情感诉诸（pathos）、逻辑诉诸（logos）。

友谊时，经常会称其为"两个身体，一个灵魂"。

不过，直到我年纪又大了一些后，才意识到亚里士多德的的确确有些话要对当代的爱侣们讲。重读他在《尼各马可伦理学》(*Nicomachean Ethics*)中有关人际关系的段落时，我终于理解了他说的灵魂伴侣，其实是他所谓"完善的友爱"的一种表现形式，而不同于"功利性的友爱"和"只追求欲乐的友爱"。他写道："完善的友爱是好人和在德行上相似的人之间的友爱。因为首先，他们相互间都因对方自身之故而希望他好，而他们自身也都是好人。"简言之就是，合适的伴侣会被对方的本质性格所吸引。"他们爱朋友是因其自身，而不是由于偶性。"而且"这样的友爱自然地是持久的，因为朋友所具有的所有特性都包含在这种友爱中"。最后在谈到他的"浪漫爱"概念时，亚里士多德写道："爱是一种感情上的过度，由于其本性，它只能为一个人所享有。""感情上的过度"，这个短语很让人陶醉啊，巧妙地抓住了那种好感多到漫溢出来的感觉。

我想，亚里士多德在这里要教的东西，其实是我和许多朋友花了很长时间才学会欣赏的一课：长远来看，能找到一段双方自然而然就想对对方好的感情，才是最好不过的。事实上，在一段感情中想对对方好，只需要简单地做自己就行。不过，假如这样的概念只能用"住在两个身体里的同一个灵魂"这个流行语来表达的话，那我猜也是可以接受的。

#14

"当你生活时,什么事也不会发生。环境在变化,人们进进出出,如此而已。从来不会有开始,日子一天接着一天,无缘无故地。这是一种没有止境的、单调乏味的加法。"

——让-保罗·萨特
(1905—1980),法国哲学家

#存在主义者

我曾在索邦[1]神学院短暂学习过一段时间的哲学,这条内容是我坐在卢森堡公园里用一支比克圆珠笔抄下来的,当时本子已经用了一半。我还在这句话下面写了点儿感想,字里行间充满了年轻气盛的热诚,读来既让人感动,也略有尴尬:

同是天涯沦落人啊,让-保罗。我也唱过那所有蓝调里的忧

---

1 索邦(Sorbonne)是巴黎大学的旧称,1253年由罗伯特·德·索邦创建,早期以神学研究而著称。

郁，那太阳底下无新事的忧郁，那徒劳无功战无聊的忧郁，那老套老旧老掉牙的忧郁……我觉得这乏味的一切快要把我淹死了。我已深深地绝望，再也找不到任何崭新和有意义的东西。

脑海中，年轻时的我独自坐在公园长椅上，外套的领子直直地立着，嘴角还耷拉着一根没有过滤嘴的香烟。我眯着眼睛，将面前这一切枯燥无聊的世事庸常尽收眼底。看着一对对年轻恋人紧紧拥抱在一起，却完全不知道他们的爱情将不可避免地沦落为相互间的蔑视，或者更糟糕，变成无聊乏味的厌倦，我感到不寒而栗。

情况可不怎么乐观。但是，在生命的那些时刻里，我感受到的存在主义无聊却是真真切切的。它让我扪心自问，还有什么必要做任何事情呢，早上从床上爬起来都不用了。

要是我现在还有此行此感的话，一定早被人扭送到心理医生那里了，并且会当即被诊断为复发性抑郁症（《精神疾病诊断与统计手册》第296.32项），还要吃百优解来医治。生活在心理学时代，很少有人会相信或重视哲学的视角。在这个时代，绝望到认为生活没有任何意义，很少会被认为是一种发自内心的世界观。不会的，那是病，得治。如果我和精神病专家说，你要是把存在主义无聊当作一种病来治，那就是无端假定了生活的正确方式，应该是乐呵呵和充满希望的，他肯定会看着我，认为我脑子里出了毛病。大多数心理医生预先认定了生活的目的是积极起来，拥有一种幸福感，抱持任何其他感受或想法都是不健康的。

但要是一个人经过哲学的沉思之后，还是发觉人生是空洞虚无的呢？不管是经过理性思考，还是源自内心的直觉，他还是找不到任何生命的意义所在怎么办？难道这就意味着该吃百优解了吗？

"当你生活时，什么事也不会发生"，这句话出自萨特在1938年写的第一本小说《恶心》(*Nausea*)。这是一部披着文学外衣的哲学论著。故事讲述的是一个男人对他生活里那些曾充满意义和价值的东西逐渐失去了掌控，开始被没完没了的无意义感带来的恶心所折磨。小说的最后，这个人才终于明白，自己也可以创造生命的意义。虽然这种武断无常又需要个人负责的自由让人恐惧，但也十分激动人心。"痛苦是意识的先决条件"这一小说主题——"绝望的另一端，才是生活开始的地方"——让《恶心》成了存在主义运动中必不可少的经典之作。

我二十几岁的那些年，多半都是在存在主义的绝望中度过的。现在再回首那段岁月时，我才明白，当时那种感受其实与我没有找到满意工作和情感受挫的苦闷混杂搅和在一起了。不过，即便是现在，我也无法确信那些个人问题就是导致我认为生活满是绝望的全部原因。事实上，我的生活观正是我找不到富有意义的职业和恋情分崩离析的原因之一。二者是互为因果的。

但是,我到现在才意识到另一种看待这段人生的角度:在某种层面上,我认为绝望是浪漫的。我那直直的立领和耷拉着的香烟,就是确定无疑的证据。十足的法国风尚吧。令人叹服地表达出存在主义绝望的都是法国人,显然是招致这种浪漫感觉的原因之一。而且,不单单是萨特和加缪这些法国哲学家比其他哲学家更善于表达这种绝望,法语和法国艺术里也到处流行和弥散着这种生活观。当时的新浪潮电影[1]刻画的全是那些被无意义感及这种感觉带来的迟钝困扰的反英雄人物。我永远都无法忘记1963年看到路易·马勒的电影《鬼火》(*Le Feu Follet*)时那种无法承受的空虚感。电影记录了一位失意作家生命的最后48小时:在无意义感的压迫下,他决定自杀了。我连着两天看了两次这部电影,每次都会犯恶心。

我还记得在巴黎的咖啡馆里看到过一些迷人的索邦大学学生,他们惆怅失落地耸耸肩膀,口里念着当时的一句时髦话"Je m'en fous"。大概的意思是说,我不光他妈的一点儿都不在乎,就是我在乎也于事无补。就像我说的,非常法国,非常浪漫。当时的我,还正年轻。

但即便亲口承认了这一点,也不足以将我当时的所思所想降

---

[1] 法国的新浪潮(Nouvelle Vague)是继欧洲先锋主义、意大利新现实主义之后第三次具有世界影响的电影运动,深受萨特存在主义哲学思潮的影响,提出了"主观的现实主义"口号,反对过去影片中的"僵化状态",强调拍摄具有导演"个人风格"的影片。

格为某种微不足道的琐碎。虽然远远无法做到像《恶心》和《鬼火》的主人公那样充满戏剧性,但我也必须想办法解决我的存在主义绝望,重新掌控自己的生活。幸运的是,我做到了——好吧,有些时候做到了。

近来,我听到年轻人爱使用这么一个表达:"那是第一世界的问题。"上网查这个流行语时,我看到一张照片,上面是南美洲一个生活贫困的小孩,照片下还有一行字:"所以你是说你们的纯净水太多了,以至于还可以往水里拉屎?"这话的意思,当然是指我们大量抱怨和焦虑的事情只是第一世界的问题,和第三世界的问题一比,简直是小巫见大巫。

是啊,近些日子我常常会想,坐在公园的椅子上思考一切都没有意义,真是第一世界才有的奢侈。照片中的小孩很可能从来都顾不上去思考人生的意义,他首先要面对的问题是找到足够的食物和水,活下去。不过话说回来,我并没有对自己那段存在主义绝望的时期感到有何不满,或者如艾迪特·皮雅芙曾经在广播里悲情唱到的那样,"Je ne regrette rien(我不后悔)"。

关于百优解还有一点要说:我举双手赞成服用百优解,但前提是,这是病人自己的选择。即使一个人备受存在主义忧郁的困扰,即使他选择通过药物来改变自己的感受,那也是他的个人选择,我对此完全尊重。

我很清楚，坚定的存在主义者对此会颇有龃龉。他们会说，吃这种药不但会改变你的情绪，还会改变你对整个人生的看法，这是一种"不诚实"的行为。吃药的人"不真诚"，因为他把自己当成客体，而不是主体来对待。这种行为给人的感觉好像是，他的世界观只是另一件可以被篡改和控制的"东西"而已。

或许吧。不过，读彼得·克雷默医生的《倾听百优解》（*Listening to Prozac*）这本书时，我还是有些吃惊：那么多服过药的人都声称在抑郁症被治好后，他们感觉比以前更像"真正的自己"了。

#15

"对宇宙而言,人的生命并不比一只牡蛎更重要。"

——大卫·休谟

(1711—1776),英国哲学家

#经验主义者

这句话是我年轻时最先抄到笔记本里的名言之一。当时它触动了我,现在也依然让我觉得意义深刻。是的,在全宇宙和永恒时间的语境之下,我这人生最终的渺小程度也随着我渐渐走到生命尽头,愈来愈难以被忽略。但是现在这些日子,我却在休谟这个评价的表层之下,找到了一种美妙的慰藉。

不过,我首先要来瞧瞧这句话里模棱两可的一个地方。休谟指的是全部生命——从牡蛎到人类——对宇宙来说,重要程度旗鼓相当,而且都非常重要吗?上帝亲手创造的宇宙里的每一样小东西都那么美好，就像圣公会的圣歌《万物有灵且美》(*All Things Bright and Beautiful*)里传递出的信息那样，"一切都很好"（It's all good）？

恐怕不见得。像休谟这种惯于怀疑的哲学家说出这句牡蛎的训令时，心情不会是这种暖乎乎、毛茸茸的感觉。我怀疑他说的更可能是这种意思："宇宙是如此浩瀚，我们每个人却如此渺小，生命那么短暂，而时光却永恒流逝，所以或许我们每个人的生命并不如我们以为的那样重要。事实上，我们的生命与牡蛎的更为相像。"

乍一看，这绝对不是什么让人如沐春风的提醒。它的内涵是，在宇宙的衬托下，我们普通人的生活是那么微不足道，以至于完全失去了意义。而且，休谟还把我们说糊涂了：如果宇宙是在依照什么宏伟计划运行的话，那我们仅仅是这个庞大机器里的小齿轮而已；但是，如果宇宙中的一切都随机无序的话，我们的生命也是随机的，而且跟小虾米一样无足轻重。

我和太太弗莱克从意大利去希腊本土时，曾在科孚岛上停留过数日。那是一次叫我永生难忘的经历。弗莱克一直都钟情于那些人迹罕至的历史遗迹，那次她想去看一位在9世纪时曾统治过小亚细亚的君主的墓葬。我们坐公交车到了岛内某个偏僻的地区后，司机让我们下了车。路边有一片古老的棕榈树林子，一条崎岖不平的路延绵着指向远方。我们几乎蹒跚跋涉了一小时，才最终看到它：一座矮小倾颓的石堆墓，墓边的牌子上用希腊语和英语写着墓主，一个曾经统治过当时文明世界很大一块地盘的皇帝的名字，几个希拉斯（Hillas）啤酒瓶横七竖八地躺在边上。就这么多。看来通过纪念物获得永生的结果也不过如此。这位伟大国王的一生最终变得如此渺小，让我感到既难过又略欣喜，不过更多的还是一种卑微感。

这块小牌子一下子叫我想起了雪莱那篇让人颇感酸楚的十四行诗《奥西曼达斯》(*Ozymandias*)。这首诗是他在埃及沙漠里看到那位曾不可一世的拉美西斯二世[1]的一尊塑像时写下的。诗的最后六行是：

看那石座上刻着字句：
"我是万王之王，奥西曼达斯；
功业盖物，强者折服！"
此外，荡然无物：
废墟四周，唯余黄沙莽莽，
寂寞荒凉，伸展四方。

但是，看待这个关于牡蛎的谜团还有另一种方式，那就是美国流行哲学学派之一的"美好人生"派理论家们采用的角度。（好吧，其实没有什么正规学派叫这个名字，不过这并不妨碍我

---

[1] 古埃及第十九王朝的法老，被认为是埃及帝国最伟大、最有名望和权势最大的国王，奥西曼达斯是他的希腊名字。

这么考虑。）根据这个理论，我们渺小的人生可以造成巨大的连锁效应。就如二级天使克拉伦斯·奥德伯蒂展示的那样，来看看假若乔治·贝利没有活过的话，贝德福德瀑布城人们的生活会有多大的不同吧。有人可能没看过这个电影，《美好人生》(*It's a Wonderful Life*)是弗兰克·卡普拉导演的一部经典作品，讲的是一个叫乔治·贝利的男人自觉辜负了家庭和社会的期望，想要自杀，但是天使克拉伦斯纠正了他的错误看法，向他展示了如果他没有活过的话，贝德福德瀑布城将会变成什么样。情景很糟糕，原因就是乔治那些点滴的善行，曾对周围的人们产生了极大的影响。这个观点的意思就是，即便我们跟牡蛎一样，所做的每一件小事也会造成广泛和深远的影响。

"美好人生"理论其实是"蝴蝶效应"在社会行为下的表现形式。"蝴蝶效应"指出，蝴蝶在地球的某个地方扇动一下翅膀，就可以导致另一个地方发生飓风。总的来说，这个由美国气象学家和混沌理论物理学家爱德华·罗伦兹提出的理论，假定认为一个微小的事件可以引发巨大的连锁变化，不管是因为乔治·贝利的点滴善意，还是你我的小小善行。当然，任何因果链都会有到底哪个算是因的问题。比如，为什么罗伦兹因果链要以蝴蝶扇动翅膀作为因呢？扇翅膀不是也得有因吗？那个因的因呢？所以一路下去都是因？——我们暂时还是不要陷入这个毛毛虫洞里去了。

电影文化也为休谟的渺小人生典范提供了一种更加微妙细

致的回应。瑞典的大师级电影《芬妮与亚历山大》(*Fanny and Alexander*)里就提出,我们可以心安理得地接受自己人生的渺若尘埃与微不足道,因为生命虽若沧海一粟,却也芥子纳须弥,自成小宇宙。在这个小世界中,我们这些参与者都各有各的意义。

英格玛·伯格曼这部让人十分动容的电影,记录了瑞典的艾柯达一家人在20世纪初某三年中经历的人生。随着剧情的推进,艾柯达家的人遭遇了不少沉重的打击——亚历山大的父亲英年早逝,母亲艾米丽改嫁给一个青年主教,结果这个主教是一个控制欲极强的丈夫和残忍至极的继父。在片尾,艾米丽和她的子女最终被解救出来,回家后,他们摆了宴席来庆祝。亚历山大的叔叔古斯塔夫发表了一段长长的祝酒词。在这段时而幽默又充满爱意的祝酒词的结尾,他用下面这段话颂赞了"小世界":

> 世界充满了宵小之辈,夜晚也业已来袭。邪恶挣脱了枷锁,在这世上如疯狗一样打转,毒害着我们所有人,没人能逃离。那么,就且让我们在欢乐时尽兴吧。让我们仁慈一点儿,大方一点儿,深情一点儿,愉快一点儿。定要如此,何必羞愧于在这小小世界狂欢作乐呢。

简言之,这个小世界就是他的牡蛎,他可以随心所欲。听着不错。

#16

> "首先,一切都不存在;其次,就算有东西存在,人类对它也一无所知;再次,即使对它略有所知,也无法将它传达或解释给旁人。"[1]

——莱翁蒂尼的高尔吉亚
(前485—前380),希腊演说家、哲学家

#智者学派学者、原始虚无主义者

我至今还清清楚楚地记得我在二十多岁时把这句话抄到笔记本里的原因:提醒自己那套"一切皆无意义"的哲学有时会让人感到多么荒诞不经。而老头高尔吉亚则把虚无主义学说变成了冷面幽默。

---

[1] 此句是赛克斯都·恩披里克的转述,原句出自高尔吉亚现已佚失的著作《论自然与不存在》(*On Nature or the Non-Existent*)。赛克斯都·恩披里克(160—210),古希腊时期的医师和哲学家,是怀疑主义的集大成者,作品中有关于古希腊罗马时代的怀疑论迄今最为完整的记录。

高尔吉亚上面这句话的建构还是能让我捧腹大笑，听起来就像东欧那个骂人的老笑话："你不是我兄弟；即便你是我兄弟，我也不想和你有任何瓜葛；而且即便我和你有什么瓜葛，也不会是兄弟间的那种。"

高尔吉亚是古希腊一位以滑稽恶搞而闻名的演说家，相当于现在当红的脱口秀喜剧演员。我猜如果面带嘲讽地微笑着抖出那句"一切都不存在"的话，一定会让人大笑不止。从德尔斐到奥林匹亚，高尔吉亚的收费演出让人们笑得前仰后合，也让自己赚了个盆满钵满。不过，他的作品也给翻译者和学者带来了麻烦，因为他们根本无法确定高尔吉亚的说法到底是一本正经的表达，还是仅仅在恶搞而已。

高尔吉亚这种冷眼旁观生活的悲惨，并从中挖掘笑料的创新举动，提出了一些有关幽默的有趣问题——为什么它有时候可以帮助我们面对问题，有时候却适得其反。心理学家认为，幽默是一种创造性的防御机制，为的是让我们与那些使人焦虑的想法和感受拉开距离。性爱会让我们焦虑，出轨的性爱更是如此。这也就是为什么在任何一种文化中，基本上都有大量与性和不忠有关的笑话。当然，意识到人终有一死——尤其是我们自己会死——会引发最终极的焦虑，所以，这方面的玩笑也比比皆是。但是，有时候这类笑话没什么"笑"果。更糟的是，它们还会让痛苦更无以复加。

"9·11"事件之后，人们普遍认为，嘲弄讽刺已死，这件骇人听闻的事情绝对不会成为什么笑话的梗。可事情才过去三个月，喜剧演员吉尔伯特·哥特弗里德就在修道士俱乐部（Friars Club）表演他的段子时，来了这么一出："我要坐一班飞往加州的飞机，结果却不是直航——他们说，得先到帝国大厦那儿停留一下。"

哥特弗里德被人们大声嘘了下去，他的好几个同行也当即气愤退场。"玩笑开得太早，"他们怒斥道，"太不合时宜了。"

我觉得他们是对的：我们还需要更多的时间隔阂，才能在有关"9·11"的笑话中找到一点儿哪怕是冷冰冰的安慰。哥特弗里德的戏谑段子只能让我们感到被玷污，让我们变得更冷酷无情。

几年前，汤姆和我写了一本书，探讨死亡的哲学。在书中，我们用了一些有关死亡的笑话，来展示不同哲学家的观点。一位记者问我们是否认为开死亡的玩笑真的有用，我们是否觉得这样就能减轻面对死亡的恐惧。问得好。我只能回答说："只有当它有用的时候才可以吧。"

我觉得，这话也同样适用于评价高尔吉亚那些有关人生无意义的俏皮话。

无论如何，高尔吉亚这种一切都不存在——从物质世界本身到所谓的社会价值（当然，前提是社会要存在）——的论辩直接源自他那颗怀疑的心。在西方哲学中，他是有据可查的最早的虚无主义者之一，开启了后世一系列哲学家诋毁一切（尤其是那种认为人生有意义的荒诞想法）的传统。比如首要问题是，如果一切真的都不存在的话，还有什么有意义的东西存在吗？

虽然高尔吉亚一生过得非常舒坦，但他是断然不会接受享乐主义哲学思想的——至少在他那些记载下来的教义里没有体现出来。我猜想，即便一个人是虚无主义者，也仍然可以过享乐主义的生活吧。纵情享乐的人生并不一定要背负什么哲学意义，去享受就够了。

我会克制一下，不从个人偏见的角度来批评这位古希腊的哲"谑"[1]家，因为他的一生的确过得漫长又幸运，从一个城市跋涉到另一个城市，得到了观众喝彩的同时，也赚到了一袋袋的十德拉克马银币。不过，我要嘲笑一下他最后的那句俏皮话：在104岁高龄时，他跟朋友阿特纳奥斯说，他之所以长寿，要归功于"我做事从来都不仅仅为了快乐"。

吧——嗒，锵！[2]

---

1 哲谑（philogag）指的是包含了一定哲学思维的幽默笑话，释义详见术语表。
2 原文为 Ba-dum ching。在脱口秀喜剧表演中，表演者讲完一个笑话之后，经常会有伴奏乐队用架子鼓敲出三个音符，以示笑话讲完了，同时也表示"逗你玩"的意思。

#17

"爱斯特拉冈：咱们老是想出办法来证明自己还存在，是不是，狄狄？

"弗拉季米尔：是的，是的，咱们是魔术师。"

——塞缪尔·贝克特
（1906—1989），爱尔兰小说家、剧作家

#荒诞主义者

啊，苦乐混杂的宇宙级玩笑每次都能戳中我的笑点。高尔吉亚确实用他那虚无主义的连珠妙语开了一条先河，但要说谁能把这种喜忧参半的幽默发挥得更加辛辣和睿智，却非塞缪尔·贝克特莫属。这一点在他的经典戏剧《等待戈多》（*Waiting for Godot*）中尤为显见。这部杂糅了真诚与反讽、希望与绝望的剧作，是一出虚无主义的杂耍，也是荒诞派戏剧的代表作。听着爱斯特拉冈和弗拉季米尔令人捧腹地唠叨个没完，我们笑得前仰后合——直

到我们的心猛地一沉，意识到正在这些角色身上上演的这种无法逃避的无意义感，最终也会轮到我们头上。然后我们又开始笑了，不过这次却不再那么开怀。

把"金句"笔记本扔到一边很久以后，我才第一次看了《等待戈多》。但是这部戏剧让我极为震撼，所以立即就买了剧本来读，后来又把上头那几句抄到了重见天日的笔记本里。这部剧除了对全人类的状态进行了尖锐却又幽默的透视外，还以一种很私人的方式影响了我，唤起了一段既甜蜜又有点儿好笑的陈年旧事。

我和我的朋友汤姆还是大学同窗时，经常会在深夜坐在宿舍前面的石阶上，不由自主地进行别出心裁的即兴表演。我不太记得这个游戏是如何玩起来的了，但能肯定的是，我们都没喝多，只是很累，充满了年轻人心血来潮的悸动。大概我们的表演段子可以算作某种即兴疗法吧：那些日子里，我和汤姆都对我们一旦进入成人世界会混成什么样子感到焦虑万分，所以这个游戏就成了嘲弄这种焦虑的方式。当时，汤姆计划去读神学院，却又不确定自己是不是做牧师的料；我则完全没有什么计划。

那时候正是大三的冬季考试周，我们坐在石阶上，突然开始想象将来要在圣诞节时写给对方的信，然后大声念了出来。

"亲爱的丹尼，"汤姆开始了，"我们在新家都安顿好了，也和我新教区的所有教徒见了面。这下我终于有了那种一切都将步入正轨的感觉……对了，你真的开始做玩具生意了？听小道消息说，你发明了一个什么游戏，在睡梦中都可以玩。"

"亲爱的汤米，我不但做起了玩具生意，而且现在还和新泽西一家波板球工厂做起了邻居。当然，我父亲非常为我感到自豪。我一直跟自己讲，现在只是骑驴找马，将来还有更刺激的，可又是什么呢？沙滩球？不说这个了，多谢你在去年的信里捎带寄来的那篇讲希望的布道词，给了我很大的启迪。不过，我一直在想，只有有了目标，希望才成其为希望吧——比如说，想买辆跑车，希望去趟夏威夷，期待上帝能亲自来访什么的。单单只有希望（却没有目标）？我不敢说自己知道这是啥东西。"

一封接着一封，我们就这么一直编着圣诞节的信，穿越到未来的流金岁月——结婚、生子，新工作、新家庭。随着我们追求刺激的心逐渐黯淡下来，我们的假想人生也变得越来越庸常。然后，汤姆开始念我们这个小小即兴表演中的最后一封信："亲爱的丹尼，自从我们的汤姆过世之后，家里一下子安静了许多。"

这时候，我们都哭了起来。我想，叫我们潸然泪下的，并不仅仅是汤姆在遥远的未来死掉了这件事，甚至也不是因为考试期间的心力交瘁，虽然这些肯定算一部分原因。我们哭的是，对于未来生活的那种无意义感，我们一同深切地感受到："一切就不过如此吗？"但是我们这个小游戏，还有一点滑稽之处——某种荒诞的东西。坐在那些石阶上，我们讽刺着自己与那些窘境。

1959年寒冬里的某一刻，我们成了自己的爱斯特拉冈与弗拉季米尔。

小说与戏剧在表现荒诞主义时的那种有力与生动，任何哲学论文都难望其项背。只有通过真实的个人之口，作者才能有效地传递出直面生命的无意义感后，意识到根本无法与其达成妥协，只能在绝望中呻吟怨怼的经历体验。荒诞主义并非仅仅是有关事物存在方式的一种观点，而是这种观点直击我们人生的方式。塞缪尔·贝克特将这一点传递得妙不可言。

我不想大不敬，不过我们可以考虑一下19世纪时的荒诞主义教父索伦·克尔凯郭尔对这一现象的看法："什么是荒诞？显而易见，就是我这个理性的人，必须按照理性、思考能力告诉我的方式去做事：你可以和做那件事一样做这件事。也就是说，是我的理性和思考在讲话：你可以不行动，但这里又是你必须行动的地方。"

我能理解他在说什么，但对此毫无感觉。当然，这位丹麦哲学家是在做铺垫，让自己可以从荒诞主义一跃，跳到对上帝的信仰之中，而不是跃向对一切无意义感发出绝望的冷笑。不过尽管如此，克尔凯郭尔还是让我十分渴望爱斯特拉冈和弗拉季米尔。

阿尔贝·加缪是指出我们与荒诞主义的对抗是哲学核心问题

的第一位当代哲学家。在他的重要作品《西西弗神话》(*The Myth of Sisyphus*)中,加缪写道,荒诞主义源自人类寻找人生意义的本能欲望与以任何理性方式都无法找到这个意义二者之间的不可协调性。其荒诞之处并不在于逻辑的矛盾,而是一种存在主义的矛盾,是人类存在的首要谜团。我们渴望意义,可就是找不到它。

加缪说,对抗这种荒诞有三种基本反应:一、自杀(人生没有意义,百无一用,那还留它做何用?);二、像克尔凯郭尔一样,迈出信仰上帝那一步(既然跟别的一样都缺乏理性,那何不干脆追求点儿更"大"的试试?);三、接受一切的荒诞之处,但仍然继续生活。

加缪选择的是最后一种。它给了人去创造自身意义的彻底自由,可以从零开始创造自己的人生。这听起来确实有股存在主义的兴奋劲儿,可尽管西西弗一直重复且毫无意义的工作中有一种悲喜交加的讽刺意味,我却实在连一丁点儿存在主义的讪笑都挤不出来。

在法语和英语中,"荒诞"这个词指的都是事物不协调一致到荒唐可笑(ludicrously incongruent)的状态。对于荒诞主义哲学而言,这个说法的确再贴切不过了:我们渴望意义,却不可能找到它,还有什么比这个更不协调一致的吗?不过,"荒唐可笑"该如何理解?在加缪的作品中,似乎无迹可循。那有请塞缪尔·贝克特好了，在《等待戈多》中，这个宇宙级大笑话可是台上的主角。

大多数幽默理论家都会将不协调性看作优秀段子的核心内容。小丑穿着尺码太大的鞋子有什么可笑之处？就是他的鞋子和一般的鞋子不一样，它们是不协调的。鸭嘴兽走进酒吧也是如此，因为它们不会泡吧。我有时就想，学习哲学给我带来的最实际的好处是，培养了我给喜剧演员写段子的能力——哲学里这种前后矛盾的悖论数不胜数。有些我最喜欢的老笑话就荒诞到了极点，比如这个说萨沙在圣彼得堡火车站的段子：

萨沙走到另一个人面前说："我是不是认识你？"
那个人说："不，我们从来没见过。"
"等一下，"萨沙说，"你去过明斯克吗？"
"没有。"那个人回答。
"我也没去过，"萨沙说，"肯定是其他两人去了。"

但荒诞主义的终极笑料，还是人要寻找人生意义却无意义可寻的那个。贝克特从里面找到了笑点：

爱斯特拉冈：咱们老是想出办法来证明自己还存在，是不是，狄狄？

弗拉季米尔：是的，是的，咱们是魔术师。

哈！

啊哈！

啊！

哈！

#18

"为这个世界找不到任何意义的哲学家,并非只关心纯粹的形而上学问题,他还想证明,在自己为什么不能随心所欲做事的问题上,并没有什么正当的理由……对我而言……无意义这一哲学,本质上是自由解放、性和政治的工具。"

——阿道司·赫胥黎
(1894—1963),英国小说家、哲学家

#社会批评家、人文主义者、唯灵论者

这个对虚无主义的解读也很好笑,虽然我觉得幽默并不是赫胥黎的本意。他说,一切尘埃落定后,无意义是一扇大门,通向充满色欲的卧室。没有空虚,没有厌倦,甚至都不屑于对这一切荒诞无情一笑,就是飘飘欲仙、释放自由的嘿咻而已。我不得不说,无意义感要是从床单之间看过去,真的是很不错呢。事实上,我发现自己是在三十出头的时候记下这句话的,毫无疑问是

为了证明我当时所过的生活有点儿不光彩。很显然，我需要有个观点来支撑一下在为什么我不能随心所欲做事的问题上没有什么正当理由的说法。

存在主义者会辩称，赫胥黎的无意义观点没有那么宏观，反倒有些狭隘。他说的是社会政治、宗教体制的无意义，而不是一切都毫无意义的这种大局观。他们是对的，赫胥黎含蓄地证实了毫无拘束地交欢一场的确有了不起的价值，所以并非一切都是无意义的。

哲学虚无主义中的无意义涵盖范围很广，有形而上学的虚无主义否定一切存在，也有道德和政治的虚无主义否定社会价值和法律，认为我们所谓的世界的确存在，但还可以变得更好。在后一种理解中很容易看到，为什么从社会、政府和宗教传承的真理中剥离出来，会让生活变成某种传统的享乐主义，更令人感到愉悦。

阿道司·赫胥黎拥有一种不可思议的天赋，能隔得老远就发现即将来临的时代精神。1932年，他写出了经典小说《美丽新世界》，预言人类可以通过医学技术进行繁殖，半个世纪后，这一预言成为现实。更重要的是，他还预言了后来那种可以被用来控制整整一个国家的人，并使其丧失人性的洗脑手段。20世纪50年代早期，赫胥黎第一次使用了从乌羽玉仙人掌中提取的麦斯卡林致幻剂后，在《知觉之门》(*The Doors of Perception*)里写下了自己的超凡体验。这让他成了一位先行者，因为真正的致幻剂狂热十年后才姗姗到来。在避孕药和迷幻剂带来的激进视角来临之际，赫胥黎不仅预言了20世纪60年代的意识解放运动，还是它的主要发起者之一。而正是这一意识孕育诞生了性革命。刚刚被解放的人们宣布，教堂和国家的约束已经无效，性爱不会引来罪孽和自责。情欲这么爽，试试又何妨？

于是，那个年代的我们真就放开了胆子去试，直到有些人开始意识到，把性纯粹看作一种欲乐行为，其实会引来不少弊端。心被揘碎了，互信变得复杂起来，"开放式婚姻"戛然而止。一种孤立和孤独感从天而降，爱的概念也越来越难以捉摸。让我们失望的是，性解放原来会有如此高的代价，这连伟大的先知赫胥黎都没有预言到。

但在赫胥黎的例子里，性自由却给那些吹毛求疵的写作者带来了一个略微怪异的问题：性爱会浪费他太多时间。在赫胥黎的一部传记里，作者提到赫胥黎的原配妻子玛利亚曾鼓励丈夫有外遇："玛利亚觉得他很享受这种消遣，需要换换脑子，暂时不用去想工作的事。"不过，玛利亚需要最终决定他的外遇对象，安排好后勤工作，因为"阿道司不愿意在求欢的细节上浪费工夫"。如此看来，这些幽会对赫胥黎来说，差不多就是一些无足轻重的消遣，不然他也不会那么急切地想回到工作桌旁。听起来不太像是什么革命性解放啊，不过我猜，重要的或许是他有过这种想法吧。

#19

"如果你有哪怕一点儿想象力,做决定都是一个艰巨的任务。有那么多可欲的选择时,与其他选项的可欲性之集一比,似乎没有哪个选择会在长期内令人满意。虽然和其他单独的某个一比,这个选择并没差多少。"

——约翰·巴思
(1930—),美国小说家

#存在主义者

令人欣慰的是,一些才华横溢的美国小说家重新拾起了法国存在主义者丢掉的荒诞主义的风趣才思。20世纪60年代初,我读到了约翰·巴思的《大路尽头》(*The End of the Road*),从头傻笑到尾。这本书对大陆哲学的看法,从里到外都很美国。与萨特的《恶心》中的核心角色一样,巴思小说里的第一主角杰克·霍纳也饱受一切皆无意义的忧郁之困,不过霍纳还要更胜一筹,他很神经质，滑稽透顶地神经质。他在如何做那些普通决定时面无表情的思考可谓是一出高雅的戏剧，更像是伍迪·艾伦的困惑不已，而不是塞缪尔·贝克特的那种荒诞。

是的，巴思说道，我们拥有创造自己人生意义的权利，但它也令人生畏。对于那些不经世事的人来说，我们到底该如何处理那些组成我们平日生活的各种小决定呢？

单是想起《大路尽头》的第一幕就让我笑了起来。霍纳来到巴尔的摩火车站的售票窗口前，问三十块钱可以买到去哪里的票。当被告知可以去的地方有俄亥俄州的辛辛那提、科斯特莱、代顿和莱马时，他退到候车室的长椅上坐了下来。他意识到自己去哪里，甚至包括回到自己的住所，都没有什么特别充分的理由，所以干脆就待在了火车站。霍纳说："我已经没什么动力了，就像车耗完了油。没有理由再做任何事。我的目光聚在了终极性之上，那么在这种情况下，更没有理由去做什么了，甚至都不用再变换双眼的焦点。"

第二天，霍纳仍然瘫在火车站的长椅上，这时一位医生走了过来。"宇宙级选择困难症"（cosmopsis）——巴思自创的新词，指的是从所有可以想到的选择中都无力进行选择。于是，霍纳来到了医生的诊所"再动员大农场"接受治疗，而治疗手段则包括阅读萨特的著作和《世界年鉴》。在霍纳能重新把控自己的人生之前，医生给他规定了一个每天都要做一些选择的方法："不要让自己困在选择之间,不然你就输了。你还没有强大起来。如果这些选项肩并肩站成了一排,就选左边那个;如果它们是按时间顺序连续站队,就选前面的那个。如果这两个都行不通,那就选首字母在字母表中靠前的选项。这就是靠左、靠前、字母序优先的原则。还有其他方法,比较武断,不过很有用。"

医生进一步克服选择无力时使用的是"神话疗法"(mythotherapy):戴上"面具",通过展示出我们的象征性角色,进而消灭自我。这真是存在主义也疯狂。

除了其喜剧内容外,《大路尽头》对我而言意义如此重大的主要原因是,它将存在主义直接放到了日常生活里,放到了它本该属于的地方。没有什么"存在与虚无"这类深奥难懂的抽象概念,这是一本喧嚣嘈杂的手册,教我们如何在一切选择似乎都毫无价值时仍能度过每一天。令人捧腹的是,它解决无意义这个问题时,采用的是美国人那种屡试不爽的窍门。

在我抄下来的那句《大路尽头》的引语中,巴思/霍纳提出了做选择的人必然要面对的一个问题,而这个问题也让我的老朋友哈比卜陷入选择困境时面临的风险陡然升高。霍纳的困境是,所有可行的选择似乎都比任何单个选择要好。这是因为他犯了一个愚蠢的错误,在拿所有选择的重量和其中一个比。为什么要提到这愚蠢的误算呢?

因为即便是最聪明的人,做选择时也会经历这个过程。这个愚蠢的错误与生俱来，存在于我们之中。不管蠢还是不蠢，我们想拥有所有的可能性，所以只能选其——或者至少每次只能选一个——当然叫人郁闷。这已足够让人染上存在主义忧郁了。

20世纪60年代，还有一本美国存在主义小说，让选择和自我创造以一种欧洲哲学家从未做到的方式，在我面前变得鲜活起来。这就是沃克尔·珀西的惊人之作《观影人》(*The Moviegoer*)。这部小说讲的是名字悦耳好听的宾克斯·博林的故事。他的人生太过空虚，以至于他要么在做白日梦，要么完全沉浸在电影、广播节目和书本中那些人物的生活里。但有一天，他突然有了一个意识上的突破，踏上了一段寻找意义的征途。宾克斯说："你问寻找的实质是什么？说起来真的很简单，至少对我这种人来说如此，而且简单到了反而容易被忽略的程度。如果没被生活的日常性湮没，每个人都应该进行这样的寻找。"

"日常性"(everydayness)是存在主义的核心概念，描述的是我们太沉湎于日常生活的常规事务和角色扮演，而无法全然有意识地体会我们是谁，又能做哪些选择。德国存在主义者马丁·海德格尔曾就此话题在他的鸿篇巨著《存在与时间》(*Being and Time*)中有过详细的论述。我曾经试着读过这部大作中关于日常性的章节，文中提出了常人(das Man)的概念，"这个常人超越了所有存在空间，而在这个空间里个性荡然无存"。我并没觉得这个表述能让人茅塞顿开,或许是翻译的问题吧。

存在主义心理学家维克托·弗兰克讲得更清晰一点,他自创了一个词——"周末神经恐惧症"(Sunday neurosis),指的是"一种抑郁症,罹患此症的人在忙碌的一周结束后,内心的空洞开始显现出来,会意识到自己的人生缺乏任何实质性的内容"。

宾克斯·博林帮我从心底明白了"日常性"。而巴思和珀西则让我再一次意识到哲学观点——尤其是那些有关如何活得最好的内容——可以通过虚构作品意义丰富地传达出来。

#20

"在拿撒勒的耶稣的黄金律中,我们读到了功利主义伦理学的全部精髓。'你们愿意人怎样待你们,你们也要怎样待人'和'要爱邻舍如同自己',构成了功利主义道德的完美典范。"

——约翰·斯图尔特·穆勒
(1806—1873),英国哲学家

#功利主义者

我发现自己经常会想起《芬妮与亚历山大》片尾的动人一幕:"世界充满了宵小之辈,夜晚也业已来袭。邪恶挣脱了枷锁,在这世上如疯狗一样打转,毒害着我们所有人,没人能逃离。那么,就且让我们在欢乐时尽兴吧。让我们仁慈一点儿,大方一点儿,深情一点儿,愉快一点儿。定要如此,何必羞愧于在这小小世界狂欢作乐呢。"

但"何必羞愧"这句话，却越来越叫我感到困惑。和我认识的很多人一样，我有时候也会觉得生活在幸运的泡泡里是一种罪过，因为我经常会忽视，在泡泡外面的那个大千世界里，邪恶正在像疯狗一样肆意横行。做一个有良心的享乐主义者叫人泄气，因为我发现自己感觉良好这种事常常要以剥夺别人为代价，然后还得考虑哪个对我而言更重要一些：感觉良好还是品行良好？从学生时代读到上面这句话开始，在这个进退两难的问题上，穆勒就一直在启迪我。

我一直都很喜欢黄金律，部分是因为它实在言简意赅、直切重点，让你根据具体情况去具体把握。多干净利落。难怪几乎每种文化里都有这样的格言，内容如出一辙。

但是《圣经》里的黄金律，却叫我把它作为一种信仰来接受，是一种行善的基本准则，会让上帝对我感到满意。那么，如果我对神圣的信仰只有粗浅理解的话，就会想：为什么？为什么要对别人好？或者更冷酷无情点儿说，对我有什么好处？

穆勒的答案是：黄金律是功利主义概念。恪守奉行黄金律对我有利，因为遵从它的话，我是在增进最多数人的最大幸福，而大多数时候，这对我是有好处的。所以我们可以推出，德性行为是一种更明智的自利。

可这样的话，还会有一个问题摆在我面前：我奉行黄金律，但如何保证周围的人也会遵守它？我猜这是一笔需要我们和社会里的其他人做的交易：如果你遵守黄金律，那我也会，这样我们就可以和平共处了。

不过，你先来吧，可以吗？

就是这个叫作"你先来"的东西，会把事情搞复杂，因为它扯出了道德哲学家所谓的"搭便车问题"：只要几个人利用别人的好心，不按常理出牌，就能把一个遵守黄金律的社会搅浑。

我曾对朋友乔安娜动过几次怒，其中一次就是因为"搭便车"这事儿。乔安娜是人智学（Anthroposophy）的忠实追随者，这是鲁道夫·斯坦纳[1]在20世纪初创立的精神科学学说，提出了一整套行为准则。乔安娜认为给孩子接种百日咳疫苗没有好处，因为斯坦纳曾宣称："这类疫苗接种会对人的身体造成影响，使身体拒绝为灵魂的精神信仰提供安居之处。"所以，乔安娜没有给孩子们接种。

但是，只有将某种致命的疾病从全部人口中消灭掉，疫苗的最终使命才算完成。比如，小儿麻痹症的沙克—沙宾疫苗[2]将这种病从西方世界连根拔掉后，效果十分明显，以至于那些没接种过的孩子也基本上没有得病的风险。通过疫苗，百日咳也基本被消

---

1 鲁道夫·斯坦纳（1861—1925），奥地利社会哲学家、人智学创始人，主张用人的本性、心灵感觉和独立于感官的纯思维与理论来解释生活。

2 这两种疫苗分别为约纳斯·沙克在1952年研发出的注射疫苗和阿尔伯特·沙宾在1954年发明的口服疫苗。比较而言，后者在使用上更简便，免疫效果也更持久。

灭了，但是也有漏网之鱼——在有些地方，这种病毒还未消失，可以从一个孩子传到另一个孩子身上。因此，乔安娜的孩子们虽然没有接种，得百日咳的风险也很小，但却搭了其他接种过疫苗的孩子的便车。而且，即便她的孩子们不太可能染上这种病，但得病的概率还是较高的，这样就把其他孩子置于危险之中，比如那些年纪太小还不适合接种的小娃娃。这不公平，我对乔安娜说。

为什么她的孩子就该占别的接种过疫苗的孩子的便宜，搭别人的顺风车？如果她认为这对她的孩子的好处能给他们的精神信仰提供一个安居之处，那这是否意味着她认为自己的孩子比别的孩子更配拥有某种精神生活？反正我不认为她应该忽视给孩子接种百日咳疫苗，那样的话，孩子们得病的概率就又恢复到这种疫苗被广泛引入全社会前的水平了。在那之前，百日咳曾导致了大量婴儿的夭折。

最终，如果足够多的人都来搭黄金律的顺风车，社会秩序便会崩溃。那样的话，百日咳东山再起，所有人都会遭殃。不行，搭便车不公平，它违反了我们的那笔黄金律交易。

#21

"我认为，对世界的状态唉声叹气没什么意义，除非你能想到什么方式来改进它。否则，别劳神写书了，去找个热带海岛，躺着晒太阳吧。"

——彼得·辛格

（1946—），澳大利亚／美国哲学家

#道德哲学家

我是前几年才听说辛格的，当时他因为发表了一些呼吁善待动物的声明，登上了媒体头条。读过之后，我发现他在善待人类——我最喜欢的物种之一——方面，也有很多话要讲。这位哲学家令我一见倾心的地方是，他把道德哲学从一般性和抽象性理论中剥离出来，将它变成实打实的道德困境后，甩到了我们面前。

我不喜欢彼得·辛格的地方在于，读完他的东西之后，我老是觉得罪孽深重。罪过罪过。

不过,这两者却又是休戚相关的:我之所以有负罪感,是因为通常情况下,他那些具体的道德情境说服了我,让我感到自己应该去做某些事,但实际上我又没能做到。

举个例子,来看看辛格是怎么戳中我们痛处的吧。他回顾了一下巴西电影《中央车站》(*Central Station*)的情节。电影中,穷困潦倒的女人朵拉突然有了一个大发横财的机会,能赚到几千美元。而她需要做的,只是说服一个街头流浪儿跟她到一户人家去,因为她被告知,这户人家是外国土豪,想要收养那个孩子。朵拉照办之后,拿着到手的钱买了一台彩电。但随后有人告诉她,这个孩子并非真的会被领养,因为他的重要脏器会通过手术被摘除,然后拿到黑市上卖掉,而这个没了脏器的男孩会死去。

到这里,所有听闻此事的人都惊骇不已。我们毫不犹豫地认为,从道德上讲,虽然朵拉在不知情的情况下造成了这一切,但她有责任去纠正这个可怕的错误。凡是有正常道德之心的人都不会说,嘿,不就是一个街头流浪儿嘛,朵拉肯定很喜欢她的新电视机,所以管他呢。这么说太没良心了。(在电影中,朵拉做了正确的选择。)

这时候,轮到辛格过来给我们致命一击了:他告诉我们,生活在第一世界的人把收入的三分之一都花在了彩电这类非必需品上,但我们原本可以把这些钱捐给牛津饥荒救济委员会

（Oxfam），来救助巴西里约的那些街头流浪儿——为他们提供食物，保护他们不受伤害。辛格认为，说到底，朵拉的选择和我们的选择无甚区别，两个事例中涉及的道德准则是一模一样的。所以，如果我们同意一件事在道德上是正确的，就都应该去做。

要反驳辛格的论点有点儿难，不过这并没有妨碍很多人去尝试。而这类反驳的论点，大多是从实际而非道德角度出发：我们怎么能肯定牛津饥荒救济委员会会公平合理地做事呢？慈善难道不会滋生依赖和懒惰吗？我对这类理由实在是难以苟同。

更细致入微一点儿的哲学性反驳则指出，辛格这是在类比——朵拉对那个男孩有所行动还是无动于衷，类似于我们在捐助牛津饥荒救济委员会这个问题上的做法，但他的类比有缺陷。比如，如果决定不给牛津饥荒救济委员会捐钱，我们并没有主动地造成任何人死亡，而朵拉把那个男孩带到外国人那里，即便不知情，也是她的主动行为导致了孩子死去。

这不假。事实上，严格说来，没有哪个类比是完美的。如果是的话，那就不叫类比了，而是同一件事。不管怎样，这个"主动 vs. 非主动"的争论也说服不了我。一旦我们知道了自身行为可能造成的后果，那么在我看来，区别就微乎其微了。所以基本上，我是赞同辛格的类比和论证的。

不过话说回来，尽管我自己家里也有一些非必需品，但我承认，我并没有给牛津饥荒救济委员会捐过一毛钱。这大概意味着,我本质上也是个没有道德的人吧。我不敢说自己对这一点感觉有多好,事实上,我有时候一想起来就很难受。看来我得多想想这事儿了。或者,我只是需要做点儿实事,比如赶紧给牛津饥荒救济委员会捐些钱去。

然而,我的道德不作为并没有妨碍我全心全意赞同辛格的观点,虽然他抨击说,很多人只会抱怨世界上的各种不公正,却从来不会离开他们那舒舒服服的椅子,去真的做点儿什么,来改变那些不公。你就当我是伪君子好了,事实上,说我是那种最邪恶的伪君子吧——认为某种行为很虚伪,结果轮到自己时,表现更虚伪。但是,我实在受不了那些只会呻吟、抱怨的人,觉得只要热诚、响亮地表达出他们的道德评判,就能给世界带来一点点不同。这种人让我很想提一桶第三世界的水,冲他们那第一世界的脑袋泼过去。

#22

"一个在诸行中都力求做到善的人必定会遭到毁灭,因为有太多人并非善类。"

——尼可罗·马基雅维利
(1469—1527),意大利哲学家、外交家

#政治哲学家

每当因为没有做个好人而倍感糟糕时——比如读过彼得·辛格某个道德困境的寓言后,我深吸一口"不道德的伦理学家"马基雅维利的东西,就又感到活力四射了。

在他的名作《君主论》(*The Prince*)中,马基雅维利提出了一个如何在世界中抢占先机的详尽计划。这位来自佛罗伦萨的哲学家,很可能是写出亚马逊网站现在那种所谓的"人生励志和自助书"的史上第一人。天地可鉴,我在20世纪60年代把这句话

抄到笔记本里的时候，太需要一切能找到的激励和帮助了。

《君主论》的根本原则是"强权即公理"。我们需要做的是把事情办妥，所以我们应该做的就是想尽办法把事情办妥，即便这可能牵涉到欺骗和诡计。不要再把"为善"当成我们首要的"应该"了，这只会把事情搅浑。还有战争要去赢，国家等着被吞并呢，人也要被征服，这样他们才不会无法无天。

"为善"不但浪费时间和资源，而且效果适得其反：它会让我们的竞争者抢到良机，对我们先下手。因为我们心知肚明的是，他们在伸手去拔匕首的时候，才不会在"怎么做才对"这个问题上犹疑不定。

基督教教会当然不同意马基雅维利的论点。自其诞生伊始，基督教教会便一直在宣扬"为善本身就是回报"这套伦理原则。人不是为了私利，而是为了做一个好人才去做正确的事。好吧，还为了取悦上帝。但归根结底，这两个目的其实殊途同归。而且，如果为善需要做出自我牺牲，那这还会让人登上善的更高境界。

早在教会对善的层次做出权衡判断前，希伯来人就已经在《塔木德》(*Talmud*)这部古老的犹太法典中详细阐述过这一等级制度了。在解读《塔木德》时，中世纪学者迈蒙尼德就展示了Tzedakah（慈善）的不同层次，从最低到最高依次是：

1. 很不情愿地提供施舍。

2. 心甘情愿提供施舍，但不倾己所有。

3. 别人求助时才提供施舍。

4. 别人求助前便提供施舍。

5. 施舍时不知道受惠人是谁，但对方却知道你的身份。

6. 施舍时知道受惠人是谁，但对方却不知道你的身份。

7. 施舍时，双方互不知晓对方的身份。

8. 帮助受惠者做到自力更生。

这些层次之间的微妙差别真是叫人佩服。而且最后一条总叫我惊诧不已，在现代文明中，国家扶持的福利制度背后的道德逻辑依据不就是这个吗？

在回答为什么要参与慈善活动这个根本性问题时，迈蒙尼德拆解了一下Tzedakah这个词，指出其词根的意思是正义、公正、公平，所以慈善并不是一种大度的行为，因为为穷人提供帮助是在体现责任，是在给穷人应得的东西。不过，我们为什么要尽自己的责任呢？好吧，又绕回到自利的范畴里去了：在塔木德的传统中，做正确的事，通常是为了乞求上帝宽恕某一罪责，甚至是答应某种特殊的请求。比如，"我给了那个穷困潦倒的农民一头驴，伊扎克[1]，那现在您能给我那大女儿找个婆家了吗？"

很多哲学家都进一步阐释过"为善本身就是回报"这一观点。公开宣称反天主教的20世纪比利时哲学家和剧作家莫里斯·梅特林克就曾对此表达过自己的看法："为善本身就是一种幸福的行为。事后得到的任何奖赏，都无法和行善时感受到的那种美妙回报相媲美。"

这跟认为"为善本身就是回报"好像并不是一回事。梅特林克给这个回报又增加了一种特质：它会让行善者感到幸福。在某种意义上，这是道德享乐主义——为了体验做正确的事时感受到的那种快乐而去做正确的事。所以说到底，在我看来，梅特林克的这个原则并不比马基雅维利的原则更"道德"到哪里去——二者都是基于自利。

或许，两位哲学家都只是在实话实说吧：人很少会做好事，除非那对自己有利。我们只是需要面对这一点而已。早在公元纪年刚刚开始那会儿，罗马诗人奥维德就对"为善/回报"那套错综复杂的演算持怀疑批判态度，他曾言简意赅地总结说："人们不会珍视善行，除非它能带来回报。"

把马基雅维利主义当作一种道德哲学来严肃对待确实很有难

---

[1] Itzak，犹太列祖中的以撒（Isaac）的另一种拼写。以撒是亚伯拉罕和妻子撒拉所生的唯一的儿子。

度，因为它根本就没有什么道德内涵可言。不过可能这就是它想表达的吧：说到底，或许道德哲学以及它那套对对与错原则的抽象论述，和我们的人生并无实际的关联。20世纪德国剧作家贝托尔特·布莱希特在被问及对伦理学的看法时，曾回答道："先填饱肚子，再谈伦理学。"他其实是在暗示，伦理决策可能是一种奢侈品，是专为我们这些吃饱了撑得没事儿干的人预备的。

#23

"我们的道德心弦……就是被用来拉扯的,但不是远远地拉。不过,这并不是因为它在道德上对我们有益,而是因为关心自己和周围一小群人,可以帮助我们生存下去。实际上,关心其他人群——竞争对象——对我们的生存帮不上什么忙。如果真要怎样,我们对他们的态度也该是负面的才对,因为我们是在和他们争夺资源。"

——约书亚·格林
(1976—),美国心理学家、哲学家

#行为心理学家、道德哲学家

格林教授是一位甚至可以得到贝托尔特·布莱希特青睐的道德哲学家,因为在给我们应该如何行动开出建议前,他先去研究了一下我们到底是如何行动的,这在伦理学家中太罕见了。他希望让道德哲学变得更相关、更实用一些。真是个不错的想法。

不久以前，心理学还被认为是哲学的一个分支，因为二者关心的问题都是搞清人类头脑的工作方式，所以这样的归类合情合理。但到了19世纪末期，心理学开始自立门户，将自己与科学、科学方法联系到了一起。专家们认为，像科学研究的其他对象一样，人类的心智和行为也是可以计量与分类的。于是，个性理论应运而生，潜意识终被"发现"，连非理性行为都得到了解释。

很多哲学家，尤其是科学哲学家，对此都持怀疑态度。比如，潜意识这种东西看不见、摸不着，到底是什么？而哲学家卡尔·波普则坚称，俄狄浦斯情结无法通过可证伪性来检验。也就是说，并没有可信证据来证明俄狄浦斯理论的错误性，因此它一文不值。很多哲学家指责心理学犯了科学至上主义[1]的毛病——采用科学方法来研究那些本质上无法通过科学来研究的现象。

与这里的讨论更相关的是，道德哲学家非常反对某些心理学家把人的实际行为方式和人应有的行为方式混淆的做法。这些哲学家将问题指向了"诉诸自然"——即自然的东西本质上都是好的——的谬误。而且，不光是心理学家犯了这个错误。比如，有些人声称同性恋是不自然的，因为它无法推动繁殖后代，而大自然给性的任务正是这个，因此同性恋就是不好的。这个逻辑跳跃会产生很多问题，其中之一是，自然界中本身就有大量同性性行

---

[1] 科学至上主义（scientism）认为，科学方法和途径具有普遍应用性，自然科学才是人类认识的唯一来源。也就是说，人类对自身和社会的认识，只能通过自然科学来获取。这一概念通常带有一定的贬义。

为存在，无论是仓鸮，还是北美野牛或者倭黑猩猩，概莫能外。而且，我也从没遇到过哪个同性恋人士觉得这有什么不自然，在他们看来，自己的行为再自然不过。

格林并没有落到这个谬论的窠臼当中。不过，他也同意，要想提出有关人应该如何行为的实用性观点和原则，最好先搞清楚人到底是如何做出道德决定的。过程是什么？又受到了什么影响？道德决策究竟是怎么来的？

心理学家和大脑生理学家现在常问的一个问题是：人的大脑能不能做出正确的道德抉择，是否早被基因决定好了？比如，利他主义是否早被嵌入了我们的基因当中？这些思考者认为，和身体特征一样，心理特征也会根据"适者生存"的原则不断进化，或许利他主义就进化成了我们这个物种——至少是其中的每一单独群体——的生存特征。

拥有哲学和心理学双重背景的约书亚·格林教授，便是这类思想者之一。在我抄到本子上的这句话里，格林将问题指向了人类基因中的一个根本性脱节。那就是，出于很充分的生存原因，我们逐步进化出照应自己人——自己的部族——的行为，但是也发展出了畏惧竞争部族、与他们争斗的行为。利他主义在邻里之间相当管用，邻里互助的伦理原则对于部族里每个成员的生存都有好处，但是部族之外就枉然了。事实上，在部族内部，利他主义也有层次的渐变。正如科学家霍尔丹所讲的那句语带嘲讽的话:"我愿意为两个亲兄弟……或者八个表兄弟,献出我自己的生命。"

根本问题在于,在当今世界里,不同族群的成员时时刻刻都会撞上对方,国家族群、政治族群、宗教族群、封闭的社区族群,等等,不一而足。这年头,出门没有碰见别的族群的人是不可能的。说到这个,就连坐飞机出游或者就看看报纸,我们也到处都能碰到其他族群的成员。格林得出的结论是,道德哲学的主要问题在于,要弄清楚怎样才能消除我们的族群本能与我们生活的这个多族群世界之间的隔阂。

对于如何做到这一点,格林有个想法。在很多层面上,他这个想法基本上就是重新调整了一下约翰·斯图尔特·穆勒与杰里米·边沁的功利主义,将新近那些有关人类如何做出道德决策的发现也考虑了进来。

首先,我们需要明白的是,人在做道德决策时有两种方式,而它们又有根本性的不同:其一是快速的直觉判断,其二是缓慢的审慎判断。前者通常比较情绪化,而后者则更为理性。显然,通过两种方式得出的道德结论经常针锋相对。但它们也有一个共通之处,那就是我们进化出来的那种毫不利己、专门利人、有点儿黄金律感觉和功利主义倾向的内心直觉。在快速的直觉判断模式下,我们会自动将与生俱来的利他主义用在家人和族群之上,比如我们会本能地克制自己不偷拿孩子存钱罐里的钱（好吧，至少大多数人不会偷）。这种情形完全不需要什么深刻的理由。在缓慢的审慎判断模式下，我们理性上认定黄金律是合乎情理、讲得通的，但在这种模式下，我们要把这一决定应用到每个人身上，而不只是我们自己的部族成员——最大多数人的最大幸福。我们决定，即便存钱罐的主人来自别的部族，偷他的存钱罐也是错误的。但大多数时候，这两种决策模式之间是一种剑拔弩张的状态，对应着我们进化出的部族本能与我们生活的多族群世界之间的隔阂。

不过，格林并不是想由此延展开来，主张为了让世界更美好，压制快速的直觉道德模式，适应缓慢的审慎模式。他曾诙谐机智地说过："我们可不想用'神经联想出来的内疚感'来盲目谴责自己的道德直觉。"不管怎样，他说，我们是无法将自己的"自动设定"弃之不理的。不过他倒是认为，我们仍有机会去超越这些直觉。

办法之一就是，我们要想办法让这两种模式互相谈谈。然后，或许我们与生俱来的利他主义，可以为我们思虑周全的功利主义提供一点儿具体的情绪基础，而我们那思虑周全的功利主义，也能推一把我们的直觉，让它们变得更包容些。我们那种审慎模式下的理性原则，可能永远都不会与我们的直觉融洽相处，但我们得到的，却是"人人都感受到了不偏不倚作为一种道德理想的吸引力"。格林认为，这种内部对话虽然步调不大，却能将我们引向更大的善。

格林这种伦理学的实用途径以及由此带来的朴素、清醒的目标，着实让我钦佩不已。太多时候，道德哲学家对人们实际的思考和行动方式是那么陌生，以至于他们的见解听起来全都像纸上谈兵。

我也非常感谢格林，在我未能通过彼得·辛格的道德寓言测试时，正是他疏解了我的负罪感。格林写道："为了达到更大的善，就叫普通人把他们热爱的一切都抛到一边，是不合情理的。拿我自己来说，我花在自己孩子身上的钱，用到远方那些食不果腹的孩子身上会更有意义，可我并不打算这么做。毕竟，我只是个凡人。我更愿意做这样一个人：知道自己是伪君子，可也一直在努力少一点儿伪善，而不是那种将人这一物种典型的道德局限性错当作理想价值观的人。"

我对此毫无异议。

#24

"人们因陈年旧事受到的惩罚,应该比他们因为近期所做之事受的惩罚更少一些,甚或完全不用惩罚。"

——德里克·帕菲特
(1942—2017),英国哲学家

#分析道德哲学家

我有个见多识广的年轻学生,当初就是他把技术享乐主义者戴维·皮尔斯的作品推荐给了我,而德里克·帕菲特也是我从他那儿听说的。帕菲特和皮尔斯都是牛津出身,都长着娃娃脸,顶着一头豪放不羁的秀发,而且都拥有超常的想象力。

为了展示自己的观点,帕菲特经常会用到思维实验,也就是假设情境,有点儿疯狂思维过山车的感觉。坐着帕菲特的思维过山车,在轨道上经过三四次让人汗毛直立的俯冲之后,基本上任何观点我都能来者不"惧"了。顺便说一句,我认为在当代哲学家使哲学变得更吸引我们、更通俗易懂的尝试中,思维实验是最具潜力的方式。

所以,系好你的安全带,过山车马上要开动了。在下面的思维实验中,帕菲特的目标是要证明即使在最好的情况下,人格同一性也是个不太好处理的话题,所以道德责任的问题要比我们通常以为的复杂得多。实验开始:

"假设你进入一个小隔间按下一个按钮后,扫描仪记录了你大脑和身体中所有细胞的状态,并随即将二者全部销毁。记录下的信息被以光速传送到某个别的星球,在那里,一个复制器会制造出一个你的有机体副本。由于这个复制品的大脑和你的完全一样,似乎记得你在按下按钮前经历的所有人生,因此它的性格也和你的一模一样,在其他方面也是你心理的延续。"

那么,问题来了:这个新的"你"还是你吗?这个火星上的东西认为它就是你,但它和之前地球上的你有何不同?

哲学家们在质的差异和数的差异间,会做一个明确的区分。两辆车型和颜色完全一样的车,在数值上有差异,但却是同质的。另一方面,超人和克拉克·肯特在质上不同,却并没有数的差异——都是同一个人,但特质却完全不同。比如,超人那种一跃就能跳过高楼的能力,是克拉克不具备的。

帕菲特说,在他的思维实验中,那两个你显然有数的差异。

曾经在地球上的你可以被称作1号地球你，现在在火星上的那个就是2号火星你。数一下：一，二。这两个你就像同车型、同颜色的车，对那些车而言，这个数值上的不同并不会影响到质的差异。如果2号你不仅和1号你外表相同，拥有相同的DNA，而且还认为他就是1号你，因为他拥有1号你所有的记忆、个性和品质，那他和1号你就是完全相同的，你们是同一个人。这是因为个人记忆、性格和品质加起来的总值，就是人格同一性。你可以试试，除了数的差异外，在别的方面找找这两个你的不同之处。我试过了，办不到。

人格同一性的定义，给谁该为什么负责任带来了一些棘手的伦理问题。而其中首先要问的就是，谁是谁？不过，虽然这些问题非常有趣，但在进一步讨论它们前，我还想再玩几局帕菲特这种"星际迷航式"[1]的思维游戏，因为它们真的太有趣了，简直难以抗拒。

下面这个我最喜欢的思维实验之一，是由帕菲特的同事乔治·维西写的。

"有两个男人，一个叫布朗先生，一个叫罗宾森先生，他们俩都在做脑瘤手术，大脑也都被取了出来。但是在手术快完的时候，医生的助手不小心把布朗的大脑放到了罗宾森的脑袋里，把

---

[1] 《**星际迷航**》(*Star Trek*)是世界上最著名、影响最广泛的科幻影视作品之一，其中经常会出现上述瞬息移动的情景。

罗宾森的大脑放到了布朗的脑袋里。这两个人中有一个当时就死了，但是另一个，也就是拥有布朗的大脑和罗宾森的身体的人，最终重新恢复了知觉。我们就叫后面这个人'布朗森'好了。在恢复知觉后，布朗森先生看到自己的身体后极为震惊。而看到布朗的尸体后，他难以置信地惊叫道：'躺在那里的人是我啊。'接着，布朗森指着自己说：'这不是我的身体，那边那个才是。'当被问及姓名时，他不假思索地说出了'布朗'，而且他还认得布朗的妻子和家人（罗宾森从未见过），能讲出布朗生活中的很多细节，就像在讲述他自己的人生经历一样。但对罗宾森以前的人生，他一无所知。经过一段时间的观察，他展现出的个性特征、言谈举止、兴趣爱好和个人好恶等，都是之前布朗所具有的，而他行事讲话的方式则与以前的罗宾森格格不入。"

那么，到底是谁在手术后大难不死，谁又不幸离开了呢？

在这个例子中，帕菲特同样认为，随着时间的变化，人格同一性不过就是他所谓的"心理连贯性"（psychological continuity），无论他恰好存在于哪个身体里，是那些连续的记忆、个性、举止、兴趣，等等，才让布朗成为布朗。就这么简单。人格同一性不是别的什么东西，比如某个特定的物质实体，或者走到这个范围的另一端——灵魂这种形而上的存在。

我最喜欢的一个有关锡克教徒的笑话，就完美地诠释了帕菲特在"作为物体的自我"和"作为心理连贯性的自我"之间所做的区分（在印度的幽默中，锡克教徒的形象一般都陈腐拘泥到了荒唐可笑的地步）。

一个坐火车去孟买的锡克教徒想要打个盹儿，但是害怕坐过站，于是就请求同车厢的乘客在快到孟买前叫醒他。他跟对方说，会付给他100卢比作为酬谢。

这位乘客是个理发师，他觉得就是叫醒对方而已，100卢比有点儿多了，所以决定帮人帮到底，让这个打盹儿的锡克教徒的钱物有所值，于是便趁他睡觉的时候，给他修修胡子、刮刮脸，把他的胡子全给剃掉了。

快到孟买的时候，理发师叫醒了那个锡克教徒，获得了酬劳。锡克教徒下了车，回到他的住所后，去卫生间洗了把脸。照镜子时，他突然怒不可遏地叫道："那个浑蛋！我给了他100卢比，结果他却叫醒了别人！"

有时候，帕菲特的思维实验让我感觉，他可以把创作奇幻电影剧本当成自己的后备职业选择。说到好莱坞，下面这个是我心目中最经典的帕菲特思维实验情境。

"想象一下，德里克·帕菲特正在一个分子接一个分子地变成葛丽泰·嘉宝。在整个过程开始之初，德里克·帕菲特还存在；当过程结束时，他显然已经不存在了。德里克·帕菲特没有了,现在只有葛丽泰·嘉宝。那么现在的关键问题就是:在这个转变过程中,改变是何时发生的?德里克什么时候不再存在,而变成了葛丽泰?如果你稍微花点儿时间思考一下这个问题的话,就会明白,某个单独的转变点显然不可能存在——甚至都不能说在某一秒的时候,德里克消失了,变成了葛丽泰。你看到的是某种渐变的过程,在这个过程中,随着那个人变得和我们认识的德里克越来越不同,再说那个人是德里克就越来越不对了,而说他已经没有了,变成了一个完全不同的人,却越来越正确了。"

在这个嘉宝幻想中,帕菲特要表明的是,人格同一性是一个度的问题,也就是"不再是帕菲特,而是越来越嘉宝了"。类比一下,在非思维实验的真实生活里,我们记忆中的经历,包括过去的思想和情感记忆,也是一种度的变化,而且刻度是从弱到强。这样的话,似乎可以合理地认为,我们的人格同一性更多是由那些较强的记忆构成的,而非那些较弱的记忆。同理,我们的信念和品位也是这样。

简言之就是,人格同一性并非如我们通常以为的那样,是某种静止、绝对的现象。那是一种错觉,因为同一性说到底是个度的问题,都是相对而言。如果我的妻子对我说,"你已经不是我当初嫁给的那个男人了",帕菲特肯定会说她的话言之有理。事实上,在某个时候,如果我变得越来越嘉宝,不再像丹尼了,那我妻子是完全有正当理由离开我的——好吧,其实离开的已经不是我了。

现在，回到我最近抄到的"金句"笔记本里帕菲特的这句话："人们因陈年旧事受到的惩罚，应该比他们因为近期所做之事受的惩罚更少一些，甚或完全不用惩罚。"

这个观点的意思是，很多年前的某个人，就叫他拉尔菲好了，和现在的他已不可同日而语。比如，今天的拉尔菲大概已经完全忘了他在支票上伪造了哥哥的签名后，一直逍遥法外的事。在中间这些年中，拉尔菲很可能——也可能没有——变成了一个正直的公民。但这无关紧要，帕菲特不是想提出某种既往不咎的道德。他只是说，随着时间的变化，他的记忆和信念此消彼长，拉尔菲也从根本上成了一个不同的人。那么，因为"旧"的拉尔菲在多年前做的事情而惩罚这个"新"的拉尔菲，还有什么意义吗？是的，这两个拉尔菲之间显然有某种联系，但是随着时间流逝，这种联系已经越来越弱，到最后，因为其中一个的罪恶惩罚另一个已经讲不通了。

这个结论当然叫人难以接受。事实上，帕菲特的推理有些违背常理，所以听起来很容易让人觉得琐碎和可笑，就像某个大麻抽多了的人半夜想出来的理论。我的第一印象就是这样。但当我随后试着找到一种比心理连贯性更为严谨、理性的人格同一性概念时，却发现事情并没有那么简单。"我"这个存在，不是那么容易搞定的。

但很显然，帕菲特自己在人格同一性的本质问题上也有些举棋不定。在写完《理与人》(*Reasons and Persons*)多年之后，又写了一篇标题极为耸人听闻的文章：《我们不是人》(*We Are Not Human Beings*)。他在文章中提到，其实数的差异（火星转移情境中的1号你和2号你）也是有其重要性的。那么现在的问题就是，写《我们不是人》的人和写《理与人》的人，是一个人吗？

帕菲特的终极目标——也就是他献出毕生精力的那个——是给伦理学找到一个理性的基础，找到一套和逻辑与科学原则一样真实可信、有理有据的道德原则。毋庸置疑的是，这把他推到了孤军奋战的位置上。在过去的百年中，伯特兰·罗素和艾尔弗雷德·朱尔斯·艾耶尔等逻辑实证主义者就曾争论过伦理学的理性基础这一观点。在他们看来，这和为上帝的存在——甚至是牙仙的存在——找到理性基础一样，是不可能的任务，所以帕菲特的毕生追求基本上没有被摆到哲学的台面上讨论过。

但帕菲特还是孤胆英雄般坚持着。2011年，在独自思考多年之后，他出版了两卷讨论道德哲学的作品，名为《论什么是重要的》(*On What Matters*)。在书中，他提出了所谓的"伦理学三重理论"，也就是将传统哲学中那些主要的伦理学理论综合在一起，为道德找出理性、客观的基本原则。帕菲特声称，这些理论并没有互相抵触，而是最终交汇到了一起，就像"从不同的方向攀登同一座山"。

不用说,他这三重理论超出了我的理解能力,而且在我这微不足道的余生中,大概也会一直如此。不过很多哲学家——尤其是那些年轻学者——认为帕菲特的理论思路是对的,很可能会彻底改变伦理学。我真心祝福他们。

可正当帕菲特匆匆忙忙为即将在美国做的一场演讲收集资料,证明"什么才重要"的时候,他病倒了。医生诊断他得了短暂性全脑遗忘症。从此之后,帕菲特时常会精神崩溃,痛哭不止。或许,一想到临死之前自己很可能无法再提出某种难以驳斥的道德理论,72岁高龄的他便已经被这种无力感压得不知所措了吧。

不过,他害怕的并不是死亡本身。最近他写道:"考虑一下这个事实:再过几年,我就死了。这的确叫人沮丧,但事实就是如此。在一段时间之后,所有发生的思想和经历都不会再和我这个大脑产生直接的因果联系,或者可以和当下的经历以某些方式联系起来。这就是这个事实包含的全部内容。在这个描述中,我的死就消失了。"

我很好奇,是不是帕菲特在内心深处的某个地方并没有全然接受他的人格同一性概念,以及由此产生的那种对他自己的必死性酷炫又客观的看法?或许这就是他痛哭不止的原因。不过尽管如此,他那精彩绝伦的思维实验和继而引出的问题,会永远惊艳世人。

#25

"上帝不存在，而他的生母是玛利亚。"

——乔治·桑塔亚那

（1863—1952），美国/西班牙哲学家

#美国实用主义者（算是吧）

维特根斯坦曾经说过："一部严肃、优秀的哲学作品，可以完全由笑话写成。"我觉得这主意不错，不过"严肃""优秀"这几个限定词，听起来让人有点儿望而生畏。

上面这个段子，来自乔治·桑塔亚那这位备受尊敬的已故哈佛大学哲学家，也是我最喜欢的经典"哲谑"之一。与大多数绝妙的哲学笑话一样，它也包含了一个悖论：某个东西同时存在但又不存在——上帝不存在。不过，嘿，这个不存在的上帝还有个

母亲呢。这让我想起了尤吉·贝拉[1]评价圣路易斯一家餐馆的那句妙语："现在已经没人再去那儿了，因为它太挤了。"

在悖论中，我们可以鱼与熊掌兼得，可以同时是信徒和非信徒。当然，我们也可以两者都不是，因为悖论的两个方面会互相抵消。不是所有悖论都会被认为是笑话，但即便如此，它们也容易让人觉得很好笑，不合理、不协调的东西通常如此吧。哲学家们最喜欢的段子之一是罗素悖论衍生出来的那个"理发师悖论"："某个镇子唯一一位男理发师只给镇上所有不给自己刮脸的男性镇民刮脸，那他该给自己刮脸吗？"这戳中了我的笑点。

桑塔亚那是威廉·詹姆斯的学生，出了名的机智过人。而且众所周知的一点是，他的人生影响了他的哲学，而他的哲学也反过来影响了他的人生。桑塔亚那曾说过，自己在哲学中所处的位置"正是他在平日生活里所处的位置"。日常生活中，他会试着平衡在人文精神和无神论中的信仰。作为一个不去教堂的天主教徒，他说："我对天主教制度的喜爱，有着自然主义的正当理由，因为在我看来，天主教真正象征着自然中的精神所具有的那些真正关联。"

这话有点儿隐晦。对我而言，还是他那个玛利亚的悖论段子更切中肯綮一些。

---

[1] 尤吉·贝拉出生于1925年，美国职棒大联盟前捕手、总教练，1972年被选入棒球名人堂。除了卓越的棒球生涯外，他还以独特的精短评论和俏皮话著称，他的很多名言已经成为英语日常对话的一部分。

#26

"智慧人的心,在遭丧之家。愚昧人的心,在快乐之家。"

——《传道书》
(《旧约》,公元前3世纪),作者不详

那些固执地想要搞清楚如何生存这个问题的哲思之人,经常会翻开《圣经》求助,希望从中能获得一两点启示。我们偶尔还会钻到《古兰经》《奥义书》《薄伽梵歌》《妙法莲华经》里,或者是在某个悠闲的夜晚和三五好友聚在一起,读读《易经》。天知道,这些神圣的经典曾为很多人回答了那些大问题,所以忽略它们实在有些愚鲁莽撞。此外,很多大哲学家的思想原则也建立在这些经典的基础之上,所以要想了解他们那些观点的幕后故事,不稍微涉猎一下这些经文是不行的。

只是话虽如此,翻到《圣经》的《圣文集》部分,读读《传道书》中传道者(the Teacher)那些诗句般的大声训诫时,我还是连启迪的线索都找不到，更别说什么安慰了。尤其是传道者说的这句话：

虚空的虚空，虚空的虚空，凡事都是虚空！

哎呀！

一个人做的事，没有一件具有持久或超凡的价值，传道者继续讲。人生就是捕风——虚空——然后，上帝啊（就是指上帝，不是感叹），一切都结束了。这大概可以算作现在T恤上印的那句"生活真操蛋，然后你就死了"的最早版本了吧。

学者们仍然不太确定这个对一切都感到幻灭的传道者到底是谁。有证据说是所罗门，但是这种荒凉阴郁的口吻似乎和所罗门的教诲不太搭调，虽然他的一些教诲有时显得十分离经叛道。在古希伯来语的原文中，《传道书》的讲述者被称为Qoheleth，在不同的情况下被译成"演讲者""布道者"或"哲人"。但不管名字是什么，此人都不可小觑。

传道者认为人唯一值得称颂的品质就是智慧，但是在虚空的人生中要智慧到底有何用，却讲得并不很清楚。或许是为了接受人生是虚空的这个观念吧；又或许，这就是我们在遭丧之家更有可能获得智慧的原因。

不过，在我一生的某些时期中，这种"智慧在遭丧之家"的讲法的确曾和我产生过深刻的共鸣，这也是传道者的信息被我记到笔记本里的原因。那些时期都是我遭受了失去亲人的巨大痛苦而感到悲痛欲绝的时候。在那期间，我时常在内心深处感到醍醐灌顶，觉得自己终于面对了人生的根本事实，那就是一切皆如白驹过隙，死亡本也无法避免，自古以来便是如此。大多数时候，我都在刻意忽略这个恒久不变的事实，所以当我最终接受它时，竟然有种拥抱真理的甜蜜感。接受这个真相虽然痛苦，但可以让我感到自己是在更真实地活着。生命中的那些亡故固然令人难过，但我还是可以接受它们，继续前行。

但其他时候——或许就是那些活得比较肤浅的时期——我的感觉却恰恰相反。我去读传道者的训诫，是为了让自己难受，因为我觉得垂头丧气对自己也有好处。不过我承认，传道者的格言让我苦恼的原因之一其实很琐碎：小时候，每当我问母亲吃完晚饭后可不可以出去玩，她总会回答："不行，你今天已经玩够了！"母亲的意思是，玩过了度对我不好，会让我变得一无是处。颤抖吧，你们这些一生只想追求吃喝玩乐的人！

而且，如果传道者的意思是除了遭丧之家，别处毫无智慧可言的话，那我对他就有点儿不满了。说享乐会让我一文不值是一回事，但说享乐会让我变蠢，就太令人沮丧了。

不过，接着读下去的时候，传道者倒是承认活着要比死好一些，算是某种安慰吧。传道者甚至进一步暗示说，让我们在如此短暂、虚空的时光中物尽其用，是值得努力一试的。

《圣经》的这部分章节里没什么叫人振奋的东西。虽然在这一生中的很多时期，我都被这种一切无意义的感觉搞得压力山大，但从来没有觉得有必要像传道者这样，到处大肆宣扬。而且，我也没有特别想把这种教训传给我的女儿或孙女的冲动。

而且我最近还认识到，即便在人生最黑暗的时刻，我也无法想象我女儿或者孙女的人生是毫无意义的。不管什么时候想起她们，光是她们的存在就已经让我觉得很有意义了。这样充满生气和美好的造物怎么可能无足轻重？是的，这些都是我这个老家伙多愁善感的看法，不过你要好好记下来，传道者。

#27

"宗教是唯一一种我/他们的思维能达到超验意义的活动。如果你真的相信使用正确的名称称呼上帝，便意味着永恒的幸福和永恒的受苦之间的天壤之别，那么恶劣地对待异教徒和非信徒也就变得理所当然了。我们的宗教分歧所蕴含的风险，要远远高于部落主义、种族主义或者政治产生的风险。"

——萨姆·哈里斯
（1967— ），美国哲学家

#无神论者

世贸中心双子塔被恐怖袭击摧毁前几周，我恰巧在读萨姆·哈里斯里程碑式的著作《信仰的终结：宗教、恐怖和理性的未来》（*The End of Faith: Religion, Terror, and the Future of Reason*），但直到惨剧发生后，我才把上面这句话抄到了笔记本里。因为我深信不疑地认为，哈里斯说对了：有组织的宗教是我们这个时代的主要祸端。

萨姆·哈里斯、已故的克里斯托弗·希钦斯[1]以及当代英国哲学家理查德·道金斯[2]被人们戏称为"新无神论的圣三一"。哈里斯和道金斯仍笔耕不辍地著书发文，发表演讲，参与公共辩论，抨击宗教信仰的非理性，并警告人们宗教才是多数社会问题的根源。他们认为，宗教基本上染指了当代所有最具毁灭性的战争。

哈里斯用他那句嘲讽的话一针见血地指出了问题所在，"如果你真的相信使用正确的名称称呼上帝，便意味着永恒的幸福和永恒的受苦之间的天壤之别"，如果你的信仰体系和我的不一样，那你就是我的敌人，因为我们不可能都是对的。而两者不可能同时正确的原因是，我们在处理信仰及其目的时，使用的是理性的基本法则、无矛盾律（某事不能同时在同一意义上既真又不真）。这就使任何别的信仰体系对自己的信仰体系构成了威胁，而由于它威胁到了人生的至高奖赏、永恒幸福，所以它必须被铲除。

很不幸，这些都言之有理。但最近我开始觉得，哈里斯在说"宗教是唯一一种我们/他们的思维能达到超验意义的活动"时，思想也有一些褊狭。挑唆仇恨的信仰体系并不限于宗教，狂热的民族主义也在世界各地引发过大屠杀，且一直如此。而就民族主

---

[1] 克里斯托弗·希钦斯（1949—2011），著名作家、文化评论家、记者。希钦斯是一名无神论者，以善于论辩著称，经常对宗教进行激烈的批判。代表作有《人之将死》。

[2] 理查德·道金斯生于1941年，是英国著名演化生物学家、动物行为学家和科普作家，当今最著名的无神论者和进化论拥护者之一，代表作有《自私的基因》。

义也是一种绝对信仰体系的产物这一点而言，它也可以被看成拥有"超验意义"。相互对抗的政治经济意识形态同样会煽动仇恨和流血，而事实上，部落主义与种族主义也一样。我认为，两害相权或者声称某场大屠杀的结果要比另一场更致命，既明智不到哪里去，也没有什么效果。

这些煽动仇恨的体系具有的共同之处在于，它们的忠实信徒不会心甘情愿地说："你的信仰体系适合你，我的信仰体系适合我，所以我们就各走各的阳关道好了。"他们无法接受信仰体系的相对性，因为对他们而言，信仰体系必须绝对正确才可以，否则就不具有绝对价值。世界上只可以有一个神，他的名字叫耶和华（或安拉、毗湿奴，或者别的什么），而其他"神"全是假的。世界上只有一种经济制度是合理的，那就是共产主义（或者市场资本主义、空想社会主义，或者别的什么）。

随着新无神论者的拥趸越来越多，我还注意到一种新形式的宗教不宽容在日渐升温：非信徒抨击宗教本身，有时甚至面对面地抨击信教者个人。最近，我的一位好友参加了某个亲戚举行的犹太教正统派婚礼。在正统派的仪式和庆祝中有一个传统，那就是男性和女性无论祈祷还是跳舞，都要分开进行。我的朋友认为这是对女权主义的攻击，于是在婚礼上表示抗议。他不认同他们的风俗习惯，所以觉得有必要让他们知道这一点。这虽然不是开枪乱扫，甚至连扔石头都算不上，但仍然是一种不宽容，仍然是

"我的信仰体系要比你的信仰体系更优越"。

我这一生中经常会听人们说,宗教是头脑简单之人的避难所,是"大众的精神鸦片"。而每当我身处那些头脑聪明、受过良好教育、认为自己没有偏见、思想开放的人中间时,也会注意到他们不但经常把信教人士说成是为了弥补心理需求而欺骗自己的愚钝之人,还认为在座的人也会点头称是。简言之,他们理所当然地将无神论看成了"唯一正确的宗教"。这和听某些自以为是的福音派狂热分子滔滔不绝地谈论他那唯一正确的宗教一样叫我反感。是的,我们这些不可知论者就是这么古怪。

幸运的是,哈里斯在宗教和神秘主义之间做了一个关键的区分。尽管宗教不可避免地会导致绝对主义和我们/他们的分化,但神秘主义可以以一种私人信仰的方式存在,并不需要和志同道合的人分享,和其他信仰体系做比较,或者以任何方式公之于众,而且它并不一定会引发仇恨和战争。

那么,到底什么是神秘主义?善于去繁就简的路德维希·维特根斯坦将其概括得极为精妙:"真正的神秘,不是世界如何存在,而是世界竟然存在。"

#28

"一点点的哲学会让人的思维倾向于无神论，但是对哲学的深究又会使人心转回到宗教上去。"

——弗朗西斯·培根
（1561—1626），英国哲学家、科学家

我大概没什么资格来深入阐释这个话题，因为我从未到哲学最深层次的领域探究过。我很容易卡在"外延逻辑"和"知识脉络论"（请不要问我这些都是什么意思！）中间动弹不得，更别说我还有幽闭恐惧呢。不过，这并不妨碍我每次想到培根的这句话时，都被撩拨得兴趣盎然。而且时不时地，我还真能嗅到他这句话所蕴含的强烈意味。

亚里士多德有句名言是："你知道得越多，就越知道你不知道。"培根就是从这里继承了衣钵。承认自己所知甚少，甚至更直白地说，承认可知的东西本就少之又少，的确是让人大开眼界

的事。世界上有太多太多东西是不可知的,但不知为什么,这并没有阻碍我们想去了解它们,或者至少一直对它们保持着好奇心。而且,对未知的好奇确实会让思维转向宗教。

当我思考哲学分支之一的认识论时,从培根的话里嗅出的大量味道就会涌过来。知识论要解决的问题是:什么是可知的?比如,18世纪英国的经验主义者乔治·贝克莱提出,我们对世界的全部认知都来自感官,所以最终我们拥有的只是脑袋里的那些感官数据。我们不能声称说有把椅子在那里,只能说我们的大脑里有些椅子的感官数据。所以顶多只能是,我们把脑子里的一堆感官体验组合在一起后,给它取了个名字叫"椅子",但要说椅子是别的什么东西是不太可能的。贝克莱用"存在即被感知"这句话,将他的观点言简意赅又惹人注目地表达了出来。

我还记得第一次在大学讲座上听到这句话时的惊讶之感。我当时想:又来了,更多毫无意义的哲学把戏!或许我父亲说得对,我应该去学点儿实用的东西,比如机械工程什么的,至少那样我还能自己做一把椅子。

但是,那天晚上我在回顾讲座笔记的时候,突然有了一个顿悟。贝克莱并没有玩什么把戏,他只是实话实说:一个物件的存在就是一种感知,仅此而已。我们不能从感官后面偷偷绕出来,用什么其他方式了解到有个东西"在那里"。所以真的,当我们说某个东西存在时，意思只能是我们脑子里有些感官数据而已。不知道大脑是否真会迷糊，反正我是迷糊了。

不过接下来，贝克莱就让我失望了。他需要讲清楚这个感官数据从何而来，但因为他是基督教的大主教，所以他论辩说，它们一定来自上帝——他高高在上地坐在某种神圣的超级电脑前，把感官数据传递给了人类。就是在这里，贝克莱把我搞糊涂了，而且他这个天上的家伙的解释，也没有把我的思维带向宗教。

但是，他倒是给了我一种异想天开的想法：如果我拥有的只是感官数据，那么或许我认为存在的东西，都被身上配备的那些感官器官严重地限制住了（别忘了，我这里是在想入非非）。所以，如果我真的拥有第六感的话，对我而言，可能会有更多的东西存在。或许是某种神一样的存在，比如上帝。又或许，一种全新的维度会向我敞开大门。忽然间，我的脑子开始把我带到了至少可以算作宗教边缘问题的领域里。一些通过瑜伽或者致幻药获得过宗教体验的人曾声称：在他们体内，一种新的感官苏醒了过来，这种感觉让他们感知到了新的实体存在，而且有些似乎看起来还是神圣的实体存在。

我问了问汤姆对培根这句话的看法。虽然在神学院研修多年，但汤姆坚持说，培根的这个论断远远超过了自己的能力所及。不过，他还是一如既往地提供了一些有趣的观点。

首先他说，如果你是个抱着怀疑批判态度的哲学家，爱用理性去严格检验任何东西，那上帝只是众多不达标准的事物之一罢了。一个走极端怀疑路线的哲学家面前的桌子上，最终只会剩下感官数据和逻辑规则，或者不如说是感官数据的排列表格。但是就这样了，大伙儿，上帝连同所有的道德原则都没了。而且，既然最后根本没有什么合理的方式去证明任何行为的好坏，那么道德也可以从桌子上消失了。说到底，我们不加怀疑地信仰善恶，与人们对上帝的信仰本质上是差不多的。那么问题来了：我们愿意把对道德的信仰连同对上帝的信仰一起扔掉吗？毕竟，两者的非理性程度不相上下。如果不行——如果我们愿意在道德原则的问题上给不放弃信仰开绿灯，那为什么不能也在上帝是否存在的问题上破个例呢？

或者，汤姆说道，大概培根的意思是，哲学最终会将我们引向一个结论，那就是人生本就荒谬无意义。毕竟，如果我们无法证明任何东西的价值，那么也不太可能有理由认为生命本身存在任何价值。正是因为这一点，一些哲学家——如索伦·克尔凯郭尔——才声称说，他们实在没办法过一种毫无意义的人生，所以去他的严格理性吧。克尔凯郭尔决定给自己的人生赋予意义，首先就从对上帝的非理性信仰开始。他大胆地进行了一次非理性信仰的飞跃。

我仍在试着以开放的心态来看待这个问题，不过我不会越活越年轻。而且，就像有个朋友曾经讲的："可别忘了，不可知论者死后，会渡往'伟大的未知'[1]。"

---

[1] 原文为 the Great Perhaps，源自 I go to seek a Great Perhaps，据说是文艺复兴时期的"人文主义巨人"拉伯雷的临终遗言，意思是人们不知道死后会发生什么，所以充满了各种未知的可能。也被用来指代生活的不确定性，表示充满了各种机遇。

#29

"我看到了神圣存在。恐怕我得把自己所有的著作和观点都修订一遍了。"

——阿尔弗雷德·朱尔斯·艾耶尔
（1910—1989），英国哲学家

#逻辑实证主义者

1988年，当我在一份新闻剪报上读到艾耶尔教授这句话时，简直不敢相信自己的眼睛——这对一个经验主义者来说，可是个相当严重的问题。众所周知，在哲学历史上，艾耶尔是抱持着最坚定怀疑态度的认识论者之一。看在上帝的分儿上，这到底是怎么一回事啊？

20岁那年，我读完了艾耶尔那本影响深远的著作《语言、真理与逻辑》（*Language, Truth, and Logic*），结果被搅得心烦意乱，只能像个胎儿一样蜷缩在床上。艾耶尔不但条理分明地把我自以为知道的一切都撕了个粉碎，更重要的是，把我认为自己本可以知道的东西也批得七零八落。反正也没他妈多少，他说。

在清晰流畅的行文中，艾耶尔一一列出了逻辑实证主义的基本原理，为我们可以有意义地讨论些什么划定了范围。而这个什么，就是那些在真伪上显而易见的东西，他说。逻辑和数学命题可以通过分析被证实或证伪，所以这些入选了。"二加二等于四？""对，这是成立的。"有关真实世界中各种物体的存在、属性和运行的经验命题，可以通过观察来证实或者证伪，所以它们也是有意义的。"那边那个是苹果树吗？""是的，经过仔细查验，是一棵结了苹果的树。"

但是，可确证知识的范围，到此便为止了。

在善与恶、美与丑、有价值和无价值这些问题上，就别想着能提出什么有意义的命题啦，因为根本就无法证实它们是真命题还是伪命题，所以它们也没什么价值可言——至少在理性讨论的范围内是如此。艾耶尔写道，说某个东西是"不好的"——比如，"暴打某人的头是不好的"——其意义并不比别人砸你脑袋时喊一声"哎哟"大多少。可验证的命题也是同理，只是讲话者感受的表达而已。再比如，说《蒙娜丽莎》是件伟大的艺术珍品，也是一样的道理。"生活是有意义的"这个命题，就更不用说了，根本就没有意义，因为我们没有办法去证明或否定它。

刹那间，哲学可以有意义地去讨论的主题，像保龄球一样被击得东倒西歪。哎哟，伦理学和美学倒了；天哪，宗教和神学还有形而上学这些哲学家们吵了几千年的问题，也被打翻在地了。各地各处的哲学家和哲学系学生，全都头顶膝盖，蜷缩成胎儿的姿势，还一边哀叹："一切真就不过如此了吗？"但是，他们已经提不出什么理性的反证来驳斥逻辑实证主义了。他们剩下的，只是些凌乱不堪、难以名状的感受，可单靠这些感受，又产生不了严格缜密的哲学。

可就是这么个消极悲观的家伙，在生活里（朋友们都叫他弗莱迪）却十分和蔼可亲，人缘也很好。而且，虽然外表是一副呆子学者的模样，艾耶尔却似乎很受女士们的欢迎，除了先后和三位举止优雅的英国淑女有过四次婚姻外（跟其中一个结了两次），还忙里偷闲和风光耀眼的好莱坞八卦专栏作家希拉·格雷厄姆搞出过一段风流韵事，并且生了个女儿。而且巧的是，艾耶尔自己在77岁的时候，还因为和拳击手迈克·泰森在曼哈顿的一个鸡尾酒会上发生冲撞，登上过八卦专栏。据说，当时弗莱迪正跟几位时尚设计师和模特聊天，突然听到一位嘉宾大喊，说有人正在卧室里侵犯她的朋友。艾耶尔一跃而起，大步流星冲进卧室，结果看到泰森正要强行与当时还默默无闻的年轻模特娜奥米·坎贝尔发生关系。艾耶尔叫这位拳击手住手。赶紧的！

泰森回："你知道我××是谁吗？我是世界重量级拳王！"

艾耶尔答:"我以前还是牛津大学逻辑学的威克姆讲座教授呢。我们在各自的领域里都是显赫人物,我建议我们应该像正常人那样谈谈。"

目击者说,随后艾耶尔和泰森讨论了一些相关的伦理问题。不过在他们讨论出结论前,坎贝尔小姐早就明智地拔腿跑掉了。

弗莱迪对于做一个公众人物乐此不疲,频繁现身于BBC的节目中,滔滔不绝地反驳那些所谓的聪明人抱持的荒唐信仰,比如,相信上帝和来生。在大不列颠,艾耶尔被视为"首席无神论者",不过他更愿意说自己是"蔑神论者"[1],坚称"上帝"这个概念本身就缺乏意涵。在广播和电视里,他同当地最有声望的主教和神学家进行了无数场唇枪舌剑的辩论,在最著名的一次中,甚至把博学的耶稣会牧师弗雷德里克·科普斯登也教训了个狗血喷头,好好给他上了一堂思想课(记住这个名字——弗雷德里克·科普斯登)。

读过《语言、真理与逻辑》25年之后,虽然再想到艾耶尔那毫不留情的批判时,我已经不会垂头丧气地缩成一团,但还是有些心有余悸。无论如何,大约就在泰森事件发生的时候,我在伦敦的《观察家报》(*The Observer*)上看到了一则艾耶尔的访问。他在其中说道:"我穷尽了毕生精力,想要让生活变得更理性一

---

[1] 蔑神论(Igtheism)是20世纪60年代流行起来的一种观点,认为所有宗教都过于强调上帝和其他神学概念。有人认为它只是无神论或不可知论的变形。

些，但看起来我这些努力似乎全是徒劳。"

啥？艾耶尔教授，你能再说一遍吗？

他的同事对此颇有些困惑不解，不过坚持认为艾耶尔并不是在贬低自己毕生的成就，只是想说明除了哲学家们讨论的那些话题外，生命中还有很多其他东西。比如说感受这种东西，比如说，当你碰到一个男的企图强奸一个女的时，那种义愤填膺的感觉。

《观察家报》的采访后不到一年，艾耶尔经历了一次濒死体验，而发生的原因，据他后来写道，是他"心不在焉地扔到"嘴里的一块金枪鱼堵住了食道。

艾耶尔巨细无遗地描述了"我死后看到了什么"（这是他就那次经历所写文章的标题），活脱脱就像一部超自然惊悚片的剧本。下面是其中的一些亮点："真是太不可思议，我的思想幻化成了人形。"而且，"我面前出现了一道红光……明白这道光负责着宇宙的统治。在其部长官员中，有两位负责主管空间……而这个空间有点儿像拼得很糟糕的拼图游戏，有稍许错位……结果导致自然法则无法再像它们本来那样正常运行"。

艾耶尔还写道，他随即意识到，自己有责任对"时空连续统"中的"时间"进行一些调整，来纠正这些错误。总之就是，你得在现场亲历过，才能明白他到底在说什么。不过艾耶尔显然是到过现场的。

不出所料，艾耶尔的言论在哲学界掀起轩然大波。这位老逻辑学家脑子痴呆了吗？还是和其他凡人一样，可能被即将来临的死亡蒙蔽了思维？事实上，艾耶尔自己是有些出尔反尔，说这些超脱现实世界的经历"虽然没有削弱我'死后无来生'的信念，但的确动摇了我对这个信念的坚定态度"——这是"我想给自己留条后路"的哲学说法。

不过，在艾耶尔的故事中，有一点让我有些好奇——灵性的好奇。和艾耶尔很熟的BBC记者彼得·弗吉斯采访了一位名叫乔治的医生，就是这个人在艾耶尔发生濒死经历后对他实施了救治。弗吉斯报道说："乔治医生告诉我，艾耶尔清清楚楚说的是'神圣存在'。'他当时正向我吐露心声，但是似乎略觉尴尬，毕竟作为一位无神论者，这有点儿让他内心不安。他说话的时候一副神神秘秘的样子。我认为，他觉得自己亲眼见到了上帝，或者说造物主，反正是人们称之为上帝的那种存在。'"

在公开场合，艾耶尔一直刻意对他这场超然邂逅轻描淡写。但弗吉斯写道，在私下，这个首席无神论者显然发生了改变："'他死过之后，人变得更和善了。'迪·威尔斯（艾耶尔的前妻）讽刺地说道，'他不再像以前那么自吹自擂，开始关心起别人来。'……她还注意到，随着生命一点点地消逝，艾耶尔和弗雷德里克·科普斯登神父——他之前在BBC辩论时的对手——待在一起的时间越来越多。在这以前，艾耶尔只是勉强对科普斯登敏捷的思维有些敬佩，但他们两个并没有走得很近……尽管如此，在生命的最后几年，艾耶尔却和科普斯登一聊就是好几个钟头，不知道在争论什么。在伦敦加里克绅士俱乐部[1]黑漆漆的角落里，这俩人坐在一起时，一定看起来有些不太搭调。这位天主教神父甚至还参加了艾耶尔刻意不带任何宗教色彩的火化仪式。'到最后，他成了弗莱迪的知交。'迪·威尔斯说，'真是太不可思议了。'"

说不定弗朗西斯·培根搞错了——至少在艾耶尔的情形中是如此。艾耶尔在宗教中找到了意义，并不是深究哲学的结果；他找到了那个意义，是因为在几个神圣的时刻里，他完全没有像哲学家那样思考。

作为一个不可知论者，我也期待着有一天自己能以某种方式，一睹神圣存在的真容，而那位才华横溢、消极悲观的哲学家自己看到过神圣存在的说法，让我禁不住感到一丝安慰。我早就准备好要动摇一下我那迄今"坚定不移的怀疑"了。

---

[1] 加里克绅士俱乐部（Garrick Club）创建于 1831 年，是世界上最古老的绅士俱乐部之一，其成员多为各界名人。狄更斯、H.G. 威尔斯、奥登、艾略特、以赛亚·柏林等都曾是俱乐部的成员。

#30

"不光是说我不信仰上帝,同时自然希望我的信念是正确的,而是说我希望世界上根本没有上帝!我不愿意有上帝存在,我不想宇宙是那个样子的。"

——托马斯·内格尔
(1937—),美国哲学家

#伦理学家、社会哲学家

不得不承认,内格尔身上有种让人感到焕然一新的东西,因为他不仅欣然接受了无神论,而且若能证实无神论是真的,他还会大大地松一口气。他和我们这些不可知论者完全相反,我们倒期待着能有什么东西出来证明上帝确实存在,好让我们能松口气。这是大多数不可知论者的最高期望,是我们不可告人的小秘密。更重要的是,我们一直骑在墙上,屁股都累麻了。而期冀出现无神论的证据听起来省事好多,所以我就把内格尔的这句话抄了下来：无休无止地思考信仰却从来没有体验过，着实害人不浅。我想考虑考虑内格尔对信仰的态度，说不定可以提供另一种选择。

内格尔先从他所谓的我们"对宗教的恐惧"开始论证，并声称他对这种恐惧有切身的感受。不过，内格尔在这里所指的，并非新无神论者谈论的恐惧——也就是通过观察发现，宗教会损害社会，让人鄙视与自己信仰不同的人，最终导致互相残杀，而后生发出的恐惧。或许这所言不虚，但内格尔指涉的是某种对人类境况至关重要的东西。他说，根本而言，我们恐惧担心的是，宗教有可能是真的。

这是什么意思啊？就算宗教是真的，又有什么好怕的？

内格尔说："对宗教的恐惧，可能延伸至更广，超越了人格神的存在，将任一宇宙秩序都包括了进来，而心灵则是那个宇宙秩序中不可化约和非随机的一部分。"他这里所说的"不可化约与非随机"，指的是心灵无法被简化成如随机运动的原子，但其本身却又是某个宇宙秩序中独特且自给自足的部分。我们害怕这种情形，是因为我们最终无法理解这一宇宙秩序，更别说我们在其中扮演的不可化约和非随机的角色到底是什么。而我们之所以无法理解这个无限宇宙秩序，是因为我们是其中的有限部分。内格尔说："似乎我们面前留下来的，是一个无法想象出答案的问题：像我们这样有限的生命，怎么可能拥有无限的思维？"

内格尔认为，即便我们确信世界上有某种宇宙秩序存在——某种指导原则或计划——但我们同时也知道，自己的心灵根本不可能理解那是什么，到时候，我们会因为灰心沮丧而不堪忍受的。

到这儿的时候，我开始无法理解内格尔了。是的，我确实会诚心诚意地花时间考虑，是否自己也可以来一个克尔凯郭尔式的信仰飞跃。是的，我也明白有限的心灵无法理解无限的宇宙秩序。但是，这种抽象的焦虑并不会击中我的要害，因为它们真的太疏离、太轻率了，甚至无法靠近我的要害部分。我怀疑只有那些深深沉浸在深奥思考中的哲学家——比如内格尔这样的——才会不堪忍受事物的这种态势。我们大多数人每天都要与各种困惑与谜团共同生活，比如为什么保罗英年早逝，可坏习惯那么多的弗兰克都八十了还老当益壮呢？这类想法会令人苦恼和不解，但是，它们不会让我对着自身理解力的内在局限性大声号叫。这样的困惑和谜团，只会让我哀叹生活的不公。

以更切合内格尔的观点来说就是，我已经接受了自己无法知道是否有什么有意义的宇宙秩序存在这个事实，而这确实也给我带来了一种持续不断的挫败感。但是我不明白，为什么知道了伟大计划的存在但是无法理解它，会更让人沮丧。无论是哪种情况，我都是蒙在宇宙这张鼓里的。

又及：在这段"我希望世界上根本没有上帝"前面还有段开

场白。内格尔写道:"在我认识的一些睿智聪慧、博学多才的人里,很多都信仰宗教,这让我有些略感不安。"

我自己也认识很多聪明、有学识的人信仰宗教。有时候我会想,是不是那些批评怀疑的人本末倒置了——或许是因为我不够聪明,才无法成为一个信教者吧。

#31

"在这山上，万军之耶和华必为万民用肥甘设摆筵席，用陈酒和满髓的肥甘，并澄清的陈酒，设摆筵席。他又必在这山上除灭遮盖万民之物和遮蔽万国蒙脸的帕子。他已经吞灭死亡直到永远。主耶和华必擦去各人脸上的眼泪，又除掉普天下他百姓的羞辱，因为这是耶和华说的。"

——《以赛亚书》，25：6—8（《旧约》）

我一生中认识的最睿智、博学的宗教信仰者之一，是我已故的岳父扬·瓦斯特，一位新教牧师和《旧约》学者。我第一次在荷兰与他见面后，他有些失望地发现，自己这位犹太女婿并不像他一样，可以用希伯来语读《旧约》。为了不让他更失望，我决定不告诉他，我其实连英文版的《旧约》也不怎么读。

不过尽管如此，《旧约》里的这部分对我而言，却仍有着一种特殊的共鸣，而这种共鸣与我十分爱戴尊敬的岳父有关。

最近在荷兰的一场追思礼拜上,一位牧师追忆了我岳父就上面那段内容做的一次布道:"学生时代的很多布道我都不记得了。"牧师说,"不过扬·瓦斯特关于以赛亚这段的布道以及随后的讨论,我却记得很清楚。一位教徒问:'牧师,我们只能期待这点儿东西吗?跟大家坐在山顶上吃吃喝喝?'哎呀,不好了,我心想,这叫他怎么回答啊?结果扬·瓦斯特说:'是的,就是这些。为所有人准备的一场盛宴,气氛和平,物质富足,而且还有上帝做东道主——大家还能奢求什么呢?'"

这个回答除了勾起我对岳父的回忆外,也的确让我受教良多。

近来我开始逐渐明白,很多见多识广的基督徒喜欢引用《圣经》,是因为他们认为那是他们表达精神理念和现象的最好、最方便的选择。虽然他们会先承认《圣经》里的话并非万能,只能大概接近他们想要理解和交流的东西。和内格尔一样,他们很清楚有限的心灵不可能理解和表达无限的事物,但不同于内格尔的地方是,他们会尽其所能,利用好手中掌握的资源。这个资源就是《圣经》。所以,他们引用一段文字,比如以赛亚这个,实际上是把它当成一种独特的比喻来使用的。

很多当代哲学家会说,他们这条路行不通,你不能用一个内在、有限世界的比喻,去解释超验、无限的世界。当然,前提是这个超验、无限的世界是存在的。有限与无限之间,有一条难以逾越的鸿沟，所以你说的任何东西，无论是不是在比喻，都不会有任何意义。

明白了。不过话虽这么说，但我偶尔还是会试着想要搞清楚，这些《圣经》里的比喻到底是什么意思。

以赛亚是《旧约》中的重要先知之一，由于他宣扬救世主即将来临，所以在基督教神学中地位显赫。很多基督教思想家认为，虽然基督在里面出现过，但真正的救世主时代还未来临。首要的原因就是，如果那个时代已经到来的话，世界就不会还是这么一团乱了。还有些基督教思想家相信，救世主时代根本就不是这个世界的，不是我们所谓的未来里会发生的事情，不是说下个星期二或者某个即将到来的电脑统治地球的时刻。不是的，救世主时代是某种更为抽象的东西，超越了我们所理解的时间和空间。我岳父就是这些思想者中的一个。

当他回答说，坐在山顶上与上帝同吃同饮已经好到不能再好，我们能奢求的就是这些时，我认为他是在说："你知道吧，这只是一个用来表达无法表达之事的比喻，不过这个比喻还是很不错的啊。想想生活中我们和相爱之人围坐在桌前的那些珍贵时刻，想想这些时刻我们内心充盈着的平静与感情，好像某种神圣存在就坐在我们身边一样。

三年前的一个深夜，我的腹部突然剧痛难忍，之后我便住进了当地医院的急诊室。扫描检查发现，我得了阑尾炎，于是我又被送到附近城市条件更好的医院，准备接受手术。我妻子开车送的。到了医院，医务人员把我推进检查室后，我已经晕了过去。

突然间，我站在了室外，天气特别好，一小群人站在我身旁。大家都没有说话，我心中也无比平和宁静。

然后好像电影中演的那样，我听到了人们在喊我的名字，看到一束刺眼的光在眼前闪动。我不情愿地睁开眼，发现原来是医生和我妻子在边上围着。那一刻，我特别想回到刚才那个宁静安详的室外情境中。

我不敢说这算是什么濒死体验。它显然没有艾耶尔的金枪鱼事件那么复杂精细，叫人大开眼界。没有什么神出现。但是，我感受到的那种纯粹的宁静却仍然历历在目。而且有那么一会儿，我脸上的泪珠也全被擦干了。

#32

"每当我想到人生的短暂，想到它被以前与以后的永恒吞噬，想到我占据的甚至是能看到的逼仄空间会被无限浩瀚的空间吞没，而我却对它一无所知，也从未被它知道，我便惊恐不已，同时又惊异于我是在此处而非彼处。因为并没有什么理由解释为什么是在此处而不是彼处，为什么是此时而不是彼时。谁把我放到了此处？又是谁下的命令和指示，将这个此时与此地分配给了我？"

——布莱兹·帕斯卡
（1623—1662），法国数学家、哲学家

#理性主义者、基督徒

真没想到啊！我的生命之前还有个永恒，不只是之后的那个。我怎么就没想到呢？前面那一大段永恒似乎在大多数人对虚无的恐惧中没有什么位置。我用尽心力想要让自己的生命延续得更久，却从未因为错过出生前的永恒而辗转反侧。难道仅仅是因

为缺乏想象力，我才在面对这个"之前"的永恒时没有恐惧，没有战栗吗？

就是这个问题促使我留存下了上面那段话。

但是，在从他的《思想录》(*Pensées*) 摘出来的这段话中，帕斯卡这位在当时备受追捧的天才（他17世纪中期发明了第一台机械计算器），其实是进行了一场想象力的飞跃，远远超出了这个前后永恒现象的范畴。他是在用时间与空间进行一场精彩绝伦的思想实验：为什么他活在现在而不是别的什么时间？为什么他在这个地方而不是别的什么地方？

是啊，究竟为什么？难道他在此时此地的存在，是被自然事件预先决定的吗？还是神的设计？或者，这一切完全就是随机的，所以很可能并没有什么目的？

在他那著名的"赌注"中，帕斯卡站到了信仰上帝的这一边，认为这是人类最好的选择：如果人的信仰最终被证实正确的话，那么他满盘皆赢；如果被证明是错的，那他除了浪费一点儿祈祷和虔诚的时间，也并没有失去什么。我不知道作为一个不可知论者，我是不是没资格对此下什么判断。但是在我听来，帕斯卡的赌注并不是一条通往圣域的潜心修行之路。

在《思想录》里的另一个地方，帕斯卡写道："如果我看不到神明存在的任何征兆，我会让自己拒绝接受事实；如果我到处都能看到造物主留下的痕迹，就会在信仰的怀抱里心安理得。然而我看到的，大多是在否定（上帝），没有多少能叫我信服，于是我陷入了一种可悲的状态，而我曾千百次地希望，如果真的有一个上帝在维系着大自然，那么大自然会毫不含糊地让他现身。"

作为一个同样在信仰问题上有所挣扎并希望尽量往好处想的人，我对此感同身受。但是，这本《思想录》听起来还是更像一个人纠结于不可知论，而不是为宗教做辩护。

不过说到底，帕斯卡不但信仰上帝，而且还相信《圣经》中的《启示录》。而这一信仰的基础，在我看来就是他惊异于自己竟然随机地活在某个特定时间和特定地点。或许最终，这种随意性并不意味着生命是无目的的，可能它暗示的正是人的生命是某种奇迹吧。

帕斯卡说，"被无限浩瀚的空间吞没，而我却对它一无所知"，既让他害怕又让他惊讶。但正是其中"惊讶"的部分击中了我。我碰巧在这个特定的历史时刻存在于这个特定的地方同样让我感到惊讶，而原因恰恰就在于它的随意性。在一个随意的宇宙中，我多半可以存在于另一个时间和/或另一个地点——事实上，生活在无限数量的平行时间和地点中。或者甚至根本就不会存在于任何时间和地点。但是，恰巧就发生了——我个人的时间和地点。事实上，有时候我这种此时此地的存在的确像是某种奇迹。毫无疑问，帕斯卡肯定会同意这一点，毕竟我活在何时何地的概率不由我说了算。

我相信，大多数人都有过那种突然间对自己活在世上这个事实感到惊叹不已的时刻：太神奇了，我就活在此时此地啊！

这样的时刻转瞬即逝、弥足珍贵，但却常常叫我们难忘。古怪的爵士乐天才戴夫·弗里什伯格就曾在他那首抒情曲《请听我说》(*Listen Here*)中，凄美惆怅地演绎过这种感受：

当你平静时，是否听到一个
水晶般清澈的声音在窃窃低语
"请听我说，朋友，请听我说"？
是的，那个声音是你自己的，也只会对你讲。
它说："我不会让你失望。"
"所以请听我说。"
这就是你，这是真的
这就是你真正的感受……

谢谢你的歌，弗里什伯格先生。

#33

"你是由和地球一样古老的物质组成的,其中的三分之一年龄甚至和宇宙相当。不过,这是这些原子第一次以这种方式聚集在一起,并且认为它们就是你。"

——弗兰克·克罗斯
(1945—),英国粒子物理学家

#一元论者/唯物主义者

最近,我在弗兰克·克罗斯的《粒子物理学极简入门》(*Particle Physics: A Very Short Introduction*)中读到上面这句话后,感觉好像脑袋被某种类似超越世俗的奇迹轻轻地敲了一下。

这有点儿自相矛盾,因为很显然,克罗斯的表述已经唯物到不能再唯物。在他看来,在多数物理学家看来,世界上除了物质(本质上就是原子及其内部构造),再没有别的东西了。在这种世界观中,没有什么非物质领域的存在,没有神、灵魂或者不会被简化为原子活动的独立心灵。至于自由意志就更别提了——我们所做的一切已经被来回冲撞弹跳的原子决定好了。

那么,轻敲了我脑袋一下的那种超越世俗的东西到底是什么呢?

是宇宙中的永恒一切。所有的基本物质从宇宙大爆炸开始便存在了,而且只要时间还存在,它们也会一直存在下去。我们所认为的宇宙演化过程,或者再往小里说一些,这个星球上人类的历史与进化,只是同样的物质在不同时间以不同的排列方式进行无穷无尽的组装与再组装而已。这让我对自己原本错以为是心灵的东西,产生了无限的遐想。

能成为这种永恒的一部分,让我感到一种妙不可言的慰藉。我内心中某种原始的东西也因为和永恒有了这层联系,而欣喜荡漾起来。当然,我很清楚的一点是,当我体内原子的特定组合分解后(有人称之为"死亡"),这些被拆开的原子永远不会意识到它们曾经是我。然而,这些曾经组合在一起成为"我"的原子即便天各一方,却仍会永远存在下去的这一事实,还是让我有些许安慰。成为原子界声誉良好的成员之一,或许是这位唯物主义者参悟东方那种"万物与我为一"[1]的精神境界的方式吧。

嗯,我的确承认,原子无休无止不停组合再组合的想法也给了我一个幼稚的期待:或许有一天,这些雄心勃勃的原子会再次

---

1 语出《庄子·齐物论》:"天地与我并生,而万物与我为一。"

组合成我——就当图个乐儿吧。毕竟，永恒之中有的是时间让这些特定的原子组合，来一次返场表演。事实上，可能这些原子早就在别的什么时间、别的什么星系里，组合成一次我了。不过，我不太想被这个场景牵着走，因为想太多的话，似乎更像是在脑子里玩的一个电子游戏，而不是精神体验了。

不过既然我是在空想，那就斗胆再异想天开地猜测一下。弗兰克·克罗斯和其他理论物理学家谈到了除我们所知的三个空间维度和一个时间维度外，还可能存在别的维度。而他们之所以会考虑这种可能性，是因为新发现的一些现象，除此之外别无其他解释。近来，费米实验室的物理学家检测到了一种名为中微子的亚原子粒子，而这种粒子的特征令科学家们感到非常困惑——它们不但不带电，质量也趋近于零。在特定的情况下，大量的中微子可以转化为带电的电子中微子。截至目前，没有人可以为这种所谓的"低能过量"找出合理的解释。所以，现在科学家们怀疑，一种新的中微子——用他们的话来讲——"可能正在从另外的维度弹出来跳进去"。

说实话，我根本不懂这些物理学家在费米实验室里做的是什么，更别说是什么让他们感到困惑了，而且我也绝对无法想象"另外的维度"会是什么。但是，我仍然惊叹于他们认为这样的维度有存在的可能。而且他们这么想，是因为除此以外，找不到别的理由来解释那些新发现的粒子。

是啊，谁知道那个另外的维度到底有什么机关？或许——我又要异想天开了——在另外的维度里，他们有可能遇到一个神圣存在呢。嘿，他们甚至还有可能碰到艾耶尔正在和神圣存在讲知心话。我说了，我是在异想天开。

该和费米实验室的这些科学家告辞了，不过这倒让我想起了自己小时候也曾苦思冥想过别的维度。当时，我那位出生于波兰、讲意第绪语的奶奶来看望我们一家，她老提起的一件事就是"针的维度"。我记得自己曾绞尽脑汁想象这个维度会是什么样。一个球形的针垫？结果后来我哥跟我说，是奶奶口音太重了，她说的其实是——"更不用提"。[1]

好了，最好再异想天开一下吧。这个和弗兰克·克罗斯的那句话完全无关，不过还是让我忍不住想讲：这些新发现的中微子有一个惊人的特性，那就是它们的移动速度比光速还快。这个现象刚在物理期刊上宣布，一个新笑话就开始在不靠谱的网站上流传开来了：

第一句："我们这里不允许有比光速还快的中微子。"酒保说道。

---

[1] "针的维度"原文为 Needles Dimension，"更不用提"的原文为 Needless to mention，二者发音接近。

第二句：一个中微子走进了酒吧。

这个笑话的笑点化用了阿尔伯特·爱因斯坦的设想，也就是如果某个物体的运行速度超过了光速，就可以逆时间而行，回到过去。

原谅我讲了个无关的笑话。不过，这全是那些弹来蹦去的原子叫我讲的。

#34

"死不是生活里的一件事情：人是没有经历过死的。如果我们不把永恒性理解为时间的无限延续，而是理解为无时间性，那么此刻活着的人，也就永恒地活着。人生之为无穷，正如视域之为无限。"

——路德维希·维特根斯坦
（1889—1951），奥地利/英国哲学家

#分析哲学家

我怀疑自己是不是有什么问题。比起向拉比、牧师和神学家求教，我显然更愿意从超级理性的思想者那里寻找精神启迪。可沿着这条路走，我只能到达精神世界的半山腰。

路德维希·维特根斯坦一般被公认为20世纪最伟大的哲学家，所以不需要什么别的维度就可以让我折服。他拿着现成的时间维度进行了解构，威胁着要重新给我搭一下脑子里的弦儿——

当然，前提是我可以完全理解他在说什么。

让人略感心安的一点是，维特根斯坦的很多见解都让人头大，我并不是一个人在战斗。剑桥大学有个传说是这么讲的：维特根斯坦进行博士论文答辩时，答辩委员会里有两位杰出的哲学家，分别是乔治·爱德华·摩尔和伯特兰·罗素。答辩完后，维特根斯坦径直走到答辩委员会的面前说了一句："别担心。我知道你们根本听不懂。"顺便说一句，他的论文就是语言逻辑方面的开创性著作《逻辑哲学论》(*Tractatus Logico-Philosophicus*)。

不管能不能理解维特根斯坦在说什么，凡是稍微沾过一点儿他作品的人都会被震住。维特根斯坦能用看似简单的表述，让那些既成观念在我们面前玩出三个空翻来。

他这个永恒论点的前半部分不难理解。大多数人都会同意，我们无法体验死是什么感觉，因为死都死了，还体验什么。伊壁鸠鲁也说过类似的话："死亡对我们而言，什么都不是，因为我们活着的时候，死亡还没有到来，当死亡到来的时候，我们已经不在了。"

两位哲学家似乎都从这个事实中得到了一丝慰藉。不过，也有很多人指出，令他们自己胆战心惊的一点，正是现在便知道自己将来会死去。

不过，他的下一句话"如果我们不把永恒性理解为时间的无限延续，而是理解为无时间性"，就有些不太好处理了。我们大多数人都能理解"时间的无限延续",就是时间不断流逝永无止境,有无数分钟,无数个星期二,无数个十年。

但这个地方有可能会把人搞晕,因为无数分钟其实和无数个星期二、无数个十年是一样长的。它们算出来都一样,长度都是无限的。

好吧,这么说不太对,因为无限的时间段不能用我们通常衡量分钟、星期二或者十年的那种方法来计算。也就是说,我们没法在一个有限的框架内计算它们,不能像我们数星期二时那样,可以数到第五万亿个。虽然这个星期二的数量已经很庞大了,但仍然可以数出来。由于我们无法以同样的方式计算出无数个星期二到底有多少,所以似乎可以肯定地认为,它们是无法计量的。这样,我们就可以大概理解维特根斯坦为什么认为"时间的无限延续"意味着"无时间性"了:既然它无法衡量,那就不再是我们认为的那个时间,所以我们可视之为无时间。

不过,接下来我们就到了维特根斯坦这个命题的结论部分:"那么此刻活着的人,也就永恒地活着。"啥?这个脑洞开得有点儿大吧,几乎可以说是……无法计量地大。难道这位颇具传奇色彩的语言分析学家是在玩文字游戏吗?我们可以理解"永恒"意味着"无时间性",但是"无时间性"怎么一下子就跑到"此刻活着就是永恒地活着"上了呢?

一些哲学家认为,归根结底,过去只存在于我们所谓的记忆这一精神建构之中，似乎有些道理。未来同样也仅仅是一种精神建构，是我们根据经验想象或者投射出来的东西。理由就是，事物在过去曾一直永续向前，一件接一件，所以它们在未来也会这样继续下去。在两种情形当中，这些精神活动都发生在现在。所以，我们最终可以拥有的，便只有当下，也就是此时此地。

但是，我们到底是怎么从此时此地转换到永恒的呢？按照维特根斯坦的思维方式，这是因为我们拥有的只有现在，而且一直都是现在。比如说，这个时刻。当下。因此，我们拥有的只是永恒的现在。这一点，我是可以理解的——大多数时候可以。

不过在这里，我碰到了一个不同的问题。维特根斯坦说"此刻活着的人，也就永恒地活着"，意思是这种永恒的人生只有某些人才能得到，别人不行。活在当下并不是所有人类境况的本质，我们必须实实在在地做点儿什么，才能活在当下。只有这样，永恒的现在才能属于我们。而这就意味着，我们要全然彻底地活在此时此地。

在我听来，这不太像逻辑推理，倒像是存在主义的指引，有点儿像巴巴拉姆·达斯[1]的禅宗佛教的说法："活在当下。"甚至听起来都有点儿基督教的意味了：只有我们愿意彻底地接受永生，才能真正获得永生。

---

1 拉姆·达斯出生于1931年，20世纪60年代曾任哈佛大学心理学教授，后赴印度研习灵修，其作品《活在当下》(*Be Here Now*) 影响巨大，拉姆因此被誉为20世纪最受推崇的心灵导师。他名字前面的巴巴（Baba）是印度人对灵性大师的尊称。

维特根斯坦的命题似乎暗示了，彻底活在当下是某种近乎神圣的事情，只有在真正做到的那些时刻，我们才能完美地融入永恒。正是这部分让我想到了宗教。很多宗教思想家都竭力劝诫我们，要在平凡的经历中寻找神圣，但维特根斯坦的主张更进一步，认为任何经历——不管平凡的还是非凡的——只要我们全然感受到它，意识到它，便可以崇高起来。然后，我们才会有超凡的机会去参与到永恒的现在当中。

备受尊敬的逻辑学家鲁道夫·卡尔纳普曾声称，维特根斯坦是他最伟大的灵感源泉。他这样写道："维特根斯坦的观点和他对人与问题（甚至是理论性问题）的态度，更近似于创意艺术家而不是科学家的态度。甚至可以说，更接近于宗教先知或先见者……最终，经过一段冗长、艰辛的努力之后，他的答案来了，而这些观点如一件件新出炉的艺术作品或一段段神秘的天启一样，站在我们面前……他给我们的印象是，似乎他的洞见都来自神的启迪，所以我们情不自禁地认为，对它们进行任何清醒、理性的评论，都会是一种亵渎。"

阿门。

#35

"要活得好像你是在活第二次一样,好像你第一次活的时候做错了什么。"

——维克多·弗兰克
(1905—1997),奥地利神经病学家、精神病学家、哲学家

#存在主义心理学家

这条精练的格言,本身就是一个哲学思维实验。不过,在我们踏上实验之旅前,有必要先了解作者的一些基本信息。

维克多·弗兰克的存在主义哲学源于一段独一无二、噩梦般恐怖的经历:他在纳粹集中营中被关押了四年,其间被迫做过奴隶苦工,还在犹太人大屠杀中失去了妻子和父母。

1945年被美国军队救出来之后,弗兰克回到了维也纳,继续从事神经病学和精神分析的工作。同年,他写了一本书,记录了

自己在集中营的经历如何塑造了他的哲学,以及他在心理治疗方面的全新途径。该书的德文书名直译过来是,《即便如此,也要对生活说"是":一位心理学家在集中营的经历》。十年之后,这本书以《活出生命的意义》(*Man's Search for Meaning*)这个书名在美国出版,此后便成了存在主义的经典作品。

标题中的"即便如此"指的是他在集中营里每天都要经历的恐怖生活。不过,虽然历经万难,弗兰克仍然坚信人拥有选择自己生命意义的自由——活着的理由;而寻找这个理由,满足了人最基本的内心欲望。

西格蒙德·弗洛伊德认为性冲动是最根本的欲望,阿尔弗雷德·阿德勒认为权力意志才是主要动机。但弗兰克不同,他认为对逻各斯——在希腊语中,逻各斯指的是"意义"或"理性原则"——的渴求要优先于其他一切欲望。当一个人被剥夺了一切——健康、安全、尊严、被拯救的希望——之后,他仍然还有满足自己渴望人生意义的能力。事实上,他仍然可以肯定自己的人生,对它说"是"。

弗兰克写道:"每天,每个小时,都给了我们做决定的机会,决定是否要屈服于那些威胁毁灭你的自我和内心自由的强权,决定是否要变成环境的玩物,放弃自由和尊严,被塑造成典型的囚犯模样。"

弗兰克由此创造的存在主义治疗模式——"意义疗法",被称为维也纳第三精神治疗学派。这个疗法的基本原则是，即便我们认为自己失去了对生活的所有掌控，比如在被囚禁的极端情况下，我们也还可以控制对生活的态度，也能在我们赤条条的存在中找到意义。这种自由，是任何人都无法剥夺的。弗兰克的哲学和创新性疗法，将他的批评者置于一个两难的境地。谁敢公开找碴儿，批评这种从弗兰克自己的悲惨遭遇中创造出来的东西？直到这本书出版多年后，一些批评人士才终于敢说，他们认为弗兰克有些太过简单，更像是一个让人感觉良好的大众心灵导师，而不是一个严肃的理论家。弗兰克甚至还被拿来和诺曼·文森特·皮尔[1]牧师做对比（皮尔曾在20世纪50年代向大众推销过"积极思考的力量"）。举个例子，一些人坚信弗兰克有些走火入魔，理由之一便是，他曾一本正经地说："我建议给东海岸的自由女神像配个对，在西海岸建一座责任女神像。"

我必须承认，这听起来确实更像是一个童子军头头，而不是维也纳第三精神治疗学派创始人会说的话。但话说回来，我倒真觉得积极思考是有其价值所在的，特别是在今天这种不间断的讽刺和玩世不恭的氛围之下。我不是指只知道傻笑的盲目乐观主

---

[1] 诺曼·文森特·皮尔（1898—1993），著名牧师、演讲家和作家，被誉为"积极思考的救星""美国人宗教价值的引路人"和"奠定当代企业价值观的商业思想家"。皮尔主要致力于用宗教的观点来治疗人们心灵上的创伤，恢复对生活的自信心，对宗教、哲学等领域产生了极大影响。

义[1]，而是说如果可以选择的话，比起犬儒主义，简简单单的"即便如此，也要说'是'"似乎会是更好的选择——我认为自己有这个选择权。

简单的想法不一定简陋。不能因为奶奶的谚语听起来老套不堪，就认为它们没有价值。奥普拉偶尔也会讲出一些值得我们认真思考的说教。在桑顿·怀尔德的那部经典剧目《我们的小镇》（*Our Town*）中，有一段平实、简单的文字，至今仍然萦绕在我心头，启迪着我。它深刻地表达了充分欣赏生命的庄严之感与这样做的难度。在剧中，已经故去的艾米丽以无形之身重返小镇，看到她所爱的人对他们的生命缺乏意识后，十分难过：

艾米丽：有没有人在他们活着的时候，在每一分钟，认识到生命是什么？

舞台经理（一个剧中角色）回答：没有。圣徒和诗人或许会……他们会意识到一点儿吧。

当弗兰克说寻找生命的意义自然意味着要找到一些让你感到

---

[1] 原文为 Pollyannaism，源于美国作家埃莉诺·霍奇曼·波特（Eleanor Hodgman Porter）在1913年出版的经典儿童小说，其中的女主角波莉安娜（Pollyanna）喜欢玩"高兴游戏"，试图在任何情形下都找到可以让她高兴的东西。后来她的名字逐渐成为盲目乐观者的代名词。

积极的东西时，他指出了某种基本、简单的东西。实际上，这是双向的：找出一些让人感到积极的事物，能给予生命以意义。

《活出生命的意义》在20世纪60年代初出版后没多久，我便读了这本书。而弗兰克提出的这种练习——深入地想象选择某种特定的生命意义会带来的结果——也让我很感兴趣。它会有什么效果吗？会让我有什么感受呢？如果我面对的是能想到的最糟糕的障碍，这个意义对我还管用吗？于是，它被我抄进了"金句"笔记本里。

这种沉浸在假想结果中的观点，毫无疑问呼应了伊壁鸠鲁的说法，因为他是"结果"的最初倡导者，只不过这位希腊哲学家已经指出了生命的意义——去享受它。这就又回到弗兰克这个叫人兴趣盎然的存在主义练习了："要活得好像你在活第二次一样，好像你第一次活的时候做错了什么。"

第一部分的"活第二次"，还在我们可以想象的范围内，至少大概可以理解。我们可以回到年轻时，重新来过：父母还是那双父母，家乡还是那个家乡，但后续的一切，就是人人都有份，谁先抢到算谁的。甚至这回可以做出不同选择的想法也很容易理解。谁没有幻想过"如果她嫁给了哈利而不是菲尔，生活会变成什么样"这种问题？但是，"好像你第一次活的时候做错了什么"那部分，就让我有些困惑了，因为它预先假定了我已经知道错误的生活方式是什么样的。但是，我根本不知道。如果我不知道正确的活法——正因如此，我当初才想试试这个练习——那我又怎么能知道错误的方式是什么？

但练到第二轮之后，我明白弗兰克想要干什么了。他是把这个练习当成找到正确生活方式的策略来使用的，把对人生目标的质疑从一种抽象的思考，变成了一个具体的思维实验。这不算是坏主意，尤其是考虑到任何对这个问题的回答，似乎更有可能在想象力的领域里找到，而不是在纯粹的智力领域中。人类思维——至少我的思维——更倾向于从具体到抽象，从个人经验到根据这些经验总结出来的原则。我敢说，如果我在某座远山的山顶上一连数日莲花打坐，试图想出生命的意义，我的心很快就会转向某种具体的东西了，比如咕咕叫的肚子。然后，我大概会宣布，生活就是巧克力圣代。但有了弗兰克的思维实验，我坐下来时，便有了一个具体的故事——出于实验目的暂时被假定为出了"错误"的那个人生。弗兰克给了我一个激发自己想象力的工具，让我可以梦想出一种更好的生活方式。

#36

"未经省察的人生当然值得过,但没有真正活过的人生值得省察吗?"

——亚当·菲利普斯
(1954—),英国精神分析学家、哲学家

#弗洛伊德学派存在主义者

哎,或许维克多·弗兰克的思维实验终归不是什么好主意。事实上,也许整个想象别样人生的事情,只会带来一辈子的绝望。

我发现自己又一次被一个脑筋好到不按常理出牌的当代英国哲学家给搞蒙了。但同时,看到当代哲学——尤其是和心理学联起手来——想要解决如何生活的问题时,我又再一次备受鼓舞起来。

在《错失:赞美未曾经历的人生》(*Missing Out:In Praise of the Unlived Life*)中,当代精神分析学作家和哲学家亚当·菲利普斯

提出，现代人太过专注于他未曾经历的人生，以至于错过了好好享受他事实上拥有的人生。又是一个我们不可思议地倾向于避免活在当下的例子。除了幻想着"接下来怎么办"，慢慢与生活疏远外，我们又神游到了"本可以怎么样"之中。

根据他诊治病人的经验，菲利普斯总结道："我们认为，比起那些实际上有过的经历，我们更了解自己未曾拥有的经历。"我们假想的"未曾经历的人生"变得比正在过的生活还要清晰生动，更具意义。"不可能之事变成了我们的人生故事……面对无法过上的人生，我们的生活也变成了对它旷日持久的哀悼和没完没了的痛苦。"

恐怕我太清楚菲利普斯在说什么了。我的脑子里就经常冒出这种"如果……会怎么样"的情形：如果我当时搬到蒂莫西·利里在纽约州米尔布鲁克的集体庄园[1]，而不是焦躁不安地走过大门，想看看自己有没有胆量进去，现在会怎么样？还有，如果我留在希腊的伊兹拉岛，没有回纽约接受那份跟电视有关的工作，又会怎么样？

玩这个"如果"游戏并不是什么令人满意的生活方式，也绝不会在其中找到一种积极的态度，来面对现在正在过和曾经经历过的人生。它与仅仅活着就已经知足、感恩的人生，是背道而驰的。

我很好奇，这些深邃的思想家——从伊壁鸠鲁到弗兰克——

---

[1] 利里当时和一些学界人物及其他名流在这里进行所谓的 LSD 实验，曾多次被警方查抄。

催促着我们权衡各种假想行动的结果时,是否不小心把我们送上了一条自我毁灭之路。

"要活得好像你在活第二次一样"?喂,活得好像你是第一次也是最后一次活行不行啊?从菲利普斯的观点来看,后者才是让人生丰盈起来的活法。

说到这里,我们就又回到菲利普斯对苏格拉底那句著名的"未经省察的人生(不值得过)"所做的轻巧颠覆上来了。菲利普斯是在对传统心理疗法和整个"自我实现"运动的根本方法提出质疑。他是这样说的:"我不想说自我认知毫无意义。但是我们需要知道的是,自我认知什么时候真的有用,什么时候没用。在有些情况下,费尽周折'认识'一次经历,会分散对经历本身的关注。"

和我那一代的许多人一样,我在二三十岁的时候,也时不时会参与心理治疗。当然,我的部分动机是想对自己和生活各方面感觉更好一些,但是还有一个诱因在当时也非常盛行:深入地了解我是谁。这似乎是省察人生、忠于自我这些观念的自然延伸。心理治疗在一个勤奋学生的教育中,是顺理成章的下一步。

在此过程中,我们很多人都"发现",是父母造成了我们一堆神经质的习惯和强迫症似的行为。于是,我们又翻出了那些自认为在童年时遭受轻视和情感创伤的场景,结果当然就是,我们开始恨起了自己的父母。20世纪英国诗人菲利普·拉金在他那首备受欢迎的诗歌《这就是诗句》(*This Be The Verse*)中,就给我们的窘境提供了一首朗朗上口的主题曲：

> *他们把你祸害惨了，你妈和你爸。*
> *他们或许无心，但就这么做了。*
> *他们把自己的缺点传给了你，*
> *还额外给你专门制造了几个。*

憎恶我们的教育成长环境经常产生的效果是，愤怒替代了不满。但总体而言，这可不算什么提升，我们还是深陷于痛苦的情绪当中。从亚当·菲利普斯的观点来看，我们仍在用自我认知过滤我们的经历。

心理治疗师会说，找出我们那些不良习惯和情绪的源头这桩事，只是在心理上摆脱它们的这个过程中要走的一步。在最后一个疗程里，成功被医治的病人离开心理医生的办公室时，已经变得明智、独立起来，终于抛开了愤怒，准备好继续前行。心理治疗要能都这么干净利落地结束就好了。

无论如何，菲利普斯都把我看穿了。我仍然在继续扛着一大包自我认知走来走去，而其中很多都无关紧要，大部分的真实性也值得怀疑。

我禁不住想，假如从未读过《错失》的话，我现在对自己的感觉会更差吗？

37

"如果你相信感到难过或者忧虑得足够久,便能改变过去或未来的某件事,那你一定生活在另一个星球上的另一种现实体系当中。"

——威廉·詹姆斯
(1842—1910),美国哲学家

#古典实用主义者

我一直认为詹姆斯教授的建议很讨人喜欢。首先,它们通常都很睿智,比如那句"生活在另一个星球上";其次,它们还很质朴、明智,有时就是普普通通的常识而已。(詹姆斯曾写道:"常识和幽默感其实是一回事,只不过行进速度不一样。幽默感就是常识在跳舞而已。")

基本上,他是在劝我们别再焦虑不安了,因为这根本不会有什么好结果。事实上,除了浪费时间外,根本就不会有结果。奥普拉·温弗瑞也爱说这类话，所以不管是和詹姆斯还是温弗瑞争论这个观点，我都会无力招架。

不过，自从我20岁时把这句话抄到本子里后，就一直对它颇有龃龉。我绝对不认为感到惭愧或忧虑太久，会对灵魂有什么好处——要这么说的话，对消化也不好。但是，不管我相不相信，让我自己不再愧疚、不再惴惴不安，完全是另一种窘境。

难过这种情绪有着自己的生命力，与我们对其价值的看法完全无关。这就是为什么人们发明了波旁酒和百优解。威廉·詹姆斯应该比别人都清楚这一点，他自己就饱受抑郁痼疾的周期性折磨。而且，这位哲学家还说过，酩酊大醉是对宇宙说"是"的一种方式，而头脑清醒会抛出一个掷地有声的"不"。所以归根结底，大概就像他说的那句警句所要表达的："不管你做什么，包括喝几杯波旁酒，只要不再觉得难过就行。"

可话说回来，最近我却不得不承认一个事实，那就是我实际上对自己的情绪和担忧的直接控制，要比我自认为的多很多，而且还不仅仅是通过化学药物的辅助。长久以来，我一直禁锢在精神分析的那个观点当中，认为我们都是自身情绪的奴隶，只有长久、深入地彻底分析挖掘我们的心灵，才能重新控制它们。虽然大多数人都没有深入研究过弗洛伊德的理论，但是他那些有关心灵及其发展的基本概念，却早已渗透到了我们的文化里。我们不加批判地接受了他有关潜意识动机和不可控神经症的观点，深信不疑地认为大多数的感受和情绪远非自己的意识所能控制。

不过最近，这种思维方式却让我觉得有点儿避重就轻。我们只是不想为自己的感受负责罢了。这完全就是那个老借口——是魔鬼指使我干的——的现代版本："是我的潜意识指使我这么感受的。"

而我开始反思自己的态度，还要拜我娶的那位荷兰的加尔文派教徒所赐。每当我强迫症似的担心什么时，弗莱克就会吼一句"不要担心了！"之类的话，再配上她那荷兰口音，你想不听都不行。在情绪和纷扰这类问题上，相对于"分析你的内在欲望"这种观点，弗莱克秉持的更多的是那种"自己摔倒自己爬起来"的思想。所以这么多年来，虽然有些不情愿，但不得不承认的一点是，我太太这种要有意识地对自己的感受负直接责任的想法，的确有它的道理。我就是觉得，要没那么难做到就好了。

对于詹姆斯的建议，我还有最后一点想法，借用16世纪法国哲学家蒙田的那句妙语来说就是："我的一生充满了各种可怕的不幸，而且多数从未发生过。"

在我难过的事情里，差不多有一半就是这样。

#38

"要把每件事都当成生命中的最后一件事去做。"

——马可·奥勒留
（121—180），罗马帝国皇帝、哲学家

#斯多葛派学者

这句话绝对值得珍藏。要说有哪句告诫是我到死都会一直铭记的，那就是这句了。

马可·奥勒留的宣言之所以听起来有些耳熟，是因为从古至今，哲学家和宗教思想家们就一直多多少少在表达同样的看法。

此时此地。

时刻留心。

活在当下。

当代哲学家对这种感触最为清晰有力的表述之一，出自亨

利·戴维·梭罗:"你必须活在当下,让自己奋力冲上每个浪头,在每一刻中寻找你的永恒。傻瓜们站在他们的机会之岛上,想要寻找另一片陆地。但世界上没有别的陆地。而除了这一生,也再没有别的人生。"

但很显然,我们人类很难做到时刻都留意让自己活在当下,不然那么多哲学家也不会觉得有必要一而再再而三地老调重弹了。

从表面上看,全然让自己浸润于此时此地好像没什么难度。此地就在我们面前,此时就是现在。到底还有什么问题?

有些人渐渐游离于现实之外,希望得到某种比存在于此时此地的那些更好的东西。其他人,比如我,会不知不觉陷入"接下来怎么办"的思考中。而另一种更加彻底地想要避免沉浸在当下的方式,则将人生的种种视为各个准备阶段,从准备晚餐到准备来生,中间还要准备期末考试。但在另一个极端上,我们中的一些人又固执地沉迷于过去,要么怀旧,要么悔恨,或二者兼而有之。

与这种对现实的疏远相伴而行的,是人类的想象和延展记忆的能力。我们总是可以想象出与现实不同的生活,总是可以看到别的选择。很显然,这种诱惑是我们大多数人难以拒绝的。同样,我们会记得旧日生活的模样,而回味往昔似乎也令人无法抗拒。

当然，对未来没有期待的人生会有严重的弊端。举个例子，如果没有提前做准备，把食物采购回来，那我们到了晚饭点上，食品柜里就会没有吃的。斯诺克斯一辈子没规划过自己的"狗生"，要是把一切都交给它来处理，那它每天都会非常非常饿（作为我们交易的一部分，我会计划和准备它的三餐）。

不过，斯诺克斯虽然可能既没有计划也没有悔恨的能力，但却拥有活在当下的天赋。而且从现成的线索来看——目光炯炯有神，尾巴摇来晃去——它几乎在每个当下的时刻都能"快意狗生"。

人类意识的很大一部分都被做规划占了去，尤其是我们还习惯在脑子里像单曲循环一样，不停地评估那些计划。我认识的不少人都喜欢把每天想要完成的事情列成详细的待办清单。有些人告诉我，每完成一个待办事项后打一个钩，能给他们带来极大的享受。这听起来给人的感觉是，有时候似乎打钩的快感比做事情本身还要强烈。

我怀疑，尽情活在当下，会让我们感到某种深深的恐惧。这种恐惧或许与弗洛伊德所谓的根本驱动力"力比多"地位相当，是生而为人的基本状态。确实，这两种情况似乎是互补的：我们能牢牢沉浸在此时此地的靠谱情形少之又少，而性便是其中之一。

但是，我们恐惧活在当下的根源又是什么呢？一个原因可能是，我们永远都生活在惶恐之中，惴惴不安地害怕生活甚至是人生会叫我们大失所望。我们本能地知道，此时此地的人生，就是人生的终极顶点——人生不可能比当时当下更真实。但是，万一我们发现此时此地的人生贫瘠不堪，该如何是好？要是它让我们如梦初醒，意识到"一切不过如此"，又该怎么办？假如我们察觉到这种终极的现实其实很叫人泄气，甚至更糟糕，举步维艰、有失公允和痛苦不已呢？为了应付对这种存在主义失望感的恐惧，不用活在当下，我们决定先下手为强，条件反射似的去幻想不同的东西，将我们的意识调拨到未来或者过去，甚至是一种假想的另类人生。

我们竭力避免活在当下的另一个原因可能是，它时时处处都在暗示我们，人固有一死。我们全然沉浸在此时此地的时候，才会痛彻心扉地感受到时间与变化那逝者如斯的滚滚洪流。我们大多数人都体会过那些喜出望外的时刻，而且都是一些不起眼的小事——一群鸽子突然从头顶飞过；一段音乐被演绎得荡气回肠；一个擦肩而过的陌生人投来迷人的一笑。这些时刻如电光石火，一闪即逝便是它们的精妙之处。但就是这些弹指间的时刻，让我们亦喜亦忧地惊觉到，一切终会结束，而紧随其后的则是那个无法回避的事实——人生苦短，终有一别。我们清清楚楚地知道，这些此时此地的所有时刻终将会用完，而那时的我们也将不复存在。

回到之前的话题上。性和我们完全活在当下时体验到的那种对死的高度警觉，是有一定联系的。法语中有个说法叫"小死亡"（la petite mort），用来描述很多人在性高潮之后的感受。这个词指的是，在生命最强大力量之一的如火激情结束后，有时人会产生一种深深的惆怅感。高潮之后，一切皆空。这个"小死亡"中，包含着一种对"大死亡"的隐约预示。

当然，这种现象也会反其道而行。尽管人们很害怕活在此时此地，但却又深切地渴望自己是在真正地活，而追求这种自己在好好活的刺激感的方式之一，便是挑战死亡。我们会从悬崖上跳下来，玩悬挂滑翔；我们会以危险的速度大肆飙车；有些不怕死的人甚至还沉湎于火山冲浪这种极限游戏，踩着冲浪板在火山边缘恣意滑行。这些充满了致命危险的行为，将我们牢牢钉在了此时此地。因为面对死亡时，我们才感到自己正在无与伦比地活着。很多存在主义思想家认为，直面我们的必死性，是彻彻底底活在当下的唯一途径。不过我敢肯定的是，戴着厚眼镜、身体又孱弱的萨特，肯定没有考虑过玩火山冲浪这事儿。

#39

"每次我刚找到生命的意义,他们就把意思改了。"

——雷茵霍尔德·尼布尔
(1892—1971),美国社会哲学家、神学家

#基督教现实主义者

你怎么现在才说!

正是上面这一条,促使我在三十多岁时搁下笔、合上本子,不再抄录"金句"。这个曾经看起来雄心勃勃的事业,现在却让我倍感幼稚与徒劳。真是够了。

但是四十多年后"故地重游"时,我又再次被这些哲学家们有关如何生活的观点折服了。只是现在重新思考尼布尔的这句话,我却感到比以往更加茫然困惑——或许这正是尼布尔教授的本意吧。

和他的神学家导师保罗·田立克一样，尼布尔也是从存在主义者的角度来分析人的困境的。两人提出了一个基本的问题：如果人有彻底的自由去创造自己及自己的价值观，为什么还无法摆脱自己的罪恶呢？

尼布尔说，答案就是，即便人可以苦心孤诣地思考神圣，他也无法摆脱有限的大脑思维，永远不可能全面地领悟超然的价值观念。根本而言，完全地理解罪孽，并不在我们能力所及的范围之内。我们无法从存在主义的二元性中爬出来；我们有能力去沉思人的必死性、善与恶、"生命的意义"，却永远没办法看清"大局"。我们根本没有做到这一点的禀赋。

至于在他看来什么是人的困境，尼布尔通常会表现出一点儿幽默感。他在一次布道时这样结尾道："真是矛盾——人是万物的主宰，却也是地球上的虫子。"算不上让人拍案叫绝，但也不是很差劲的布道。

尼布尔还十分关注人在内在世界，也就是文化、社会和政治信条的世界中的位置。纳粹主义崛起之后，他开始集中研究尼采曾恨之入骨的"羊群心理"。尼布尔深入地思考了人在面对从众行为时的弱点。同尼采一样，他也认为只要我们还是文化的产物，就不可能不受其价值观念的影响。

我认为，这就是尼布尔说出"每次我刚找到生命的意义，他们就把意思改了"这句妙语时的心中所想吧。与政治信条和广告标语一样，人生哲学也会在文化中崛起和衰亡。当我回顾"金句"笔记本里那些早期的条目时，才意识到19世纪六七十年代流行的哲学对我的影响有多深刻，我几乎不加批判地接受了阿道司·赫胥黎和蒂莫西·利里的社会虚无主义与自我中心论，以及阿尔贝·加缪和让-保罗·萨特的厌倦无聊和郁郁寡欢。结果，我也毫不意外地沉湎到了某种程度的"羊群效应"中去。不过，这些思想家倒是帮助我明白了，哲学这条途径能全面周到地影响我的生活。

现在，我能听到亚当·菲利普斯训诫说，不要再对你的过去和随之而来的那些"假设情景"执迷不悟了。所以一言以蔽之，尼布尔的论点我已烂熟于心：现在他们随时都会改变生命的意义——再一次地改变。

买者自慎！[1]

---

[1] 原文为拉丁语 caveat emptor，直译过来的意思是顾客要当心。这句话常用于商业行为中，用来提醒买家谨慎购买，一经售出，概不退换。

后记

搞清楚人生的意义？我是在开玩笑吧？我以为自己是谁啊？

其实，在读过德里克·帕菲特有关人格同一性等级的说法后，"我以为自己是谁"是个非常引人深思的问题。如果人生取决于某个任意时刻我所是的那个我，那么它的意义会有所不同吗？

概括起来，我提出的这个疑问就是我的问题所在。哲学家们提出的那些问题，以及对应给出的答案，总是让我欲罢不能，让我着迷。但同时，我又对那些自认为知晓任何绝对答案的哲学家深感怀疑。我想，这些东西——问题、答案、对答案的质疑……下一个问题——就是专业哲学家的全部工作吧。这就好比想开着赛车来一次惊心动魄的狂飙，却发现行车道原来是一条莫比乌斯环。但我有啥好说的呢？我似乎从来不会厌倦这段旅程。

这就是为什么我记下来的伯特兰·罗素的那段引言，能与我产生共鸣的原因。我很享受于玩味一些哲学问题，也就是罗素第一个承认没有确切答案的那类问题。（实际上，罗素说的是，正因如此，它们才成为哲学问题而非科学问题。）我猜，就是这个特质让我变成了一个理智的享乐主义者。不过，有人会说它把我变成的是一个发疯的受虐狂吧。我想如果选择的人生道路有所不同的话，我也应该会在用假蝇钓鱼或者演奏班卓琴中寻找到无上的快乐。当然，我丝毫不认为自己的享乐主义类型就比别的类型好。前提是，这个别的类型的享乐主义不会伤害到无辜的旁观者。

在翻看自己这本格言警句集的过程中，我才突然意识到，毫无保留地活在当下这一至高无上的价值观出现的频率到底有多高，以及不同的哲学家最终同归到这个观点前所走过的殊途。伊壁鸠鲁把这一点变成了他哲学的核心部分，劝诫我们不要总是试图去追逐更多，或想拥有与现在不一样的东西。马可·奥勒留谈到这个概念时更鞭辟入里，建议我们要把每次行动都当成是此生的最后一次。千年之后，亨利·戴维·梭罗则用朴素和热情的明确表达，告诫我们要"让自己奋力冲上每个浪头"。而维特根斯坦用一句动人心魄的宣言——"此刻活着的人，也就永恒地活着"——便将这个观点弹升进了超验论的王国。

当然,"此时此地"这句宣言不停地在这本集子里出现的主要原因还在于,这本集子的编纂者是我,而我又向来倾心于这个观点。但直到重新审视过这些各式各样的表述后,我才更加通透地思考明白,为什么人很难做到——至少于我而言是这样——彻底活在当下。

这样,我就又绕回到了各种类型的享乐主义那里。没有什么比全心投入一项令人无限愉悦的活动,更能让人彻底地融入此时此地了。事实上,这是两全其美的好事——一来活动本身会引发快乐,二来快乐又会因活动将我们置于此时此地这个愉快的空间里而加倍。对一些人来说,打一场酣畅淋漓的网球就是快乐;对另一些人来说,做一个蛋奶酥也很开心。性爱能给大多数人带来欢愉,而对某些人而言,跟哲学问题嬉戏玩闹一下,就能心满意足地达到目的了。

成为哪一种享乐主义者,是我们自己的选择。但做出这个选择,却通常需要我们挑战文化、部族、宗教和家庭中的那些规矩教条和风俗传统。这种"老辈传下来的理儿",往往会横亘在我们与自己最渴望的欲乐中间,但我们实在不必为了反抗它,就去选择亚里斯提卜那种狂野放荡的享乐主义。单单是完成花费不菲的大学教育后,决定我们最大的快乐是在一个有机农场工作,也可以是个令人望而生畏的挑战。在尼采看来,无论挑战是什么,要想成为一个完整的人,就必须勇敢地面对它。

我现在越来越深信不疑的一点是,每个人都有能力去有意识地选择自己为什么而生活,无论这意味着成为一个虔诚的圣公会教徒,还是自由斗士,或者海滨狂人[1]——或者三者皆是。我还相信,比起仅仅随波逐流地生活,深思熟虑去选择并勇敢地担当起自己想要的人生意义,会让我们的生活更加丰盈——或如萨特所言,更加"真实"。我猜这么说的话,我也算是一个货真价实的存在主义者了。

不过,即便是提这么点儿有关如何生活的建议,我也略觉有些愚蠢。在沃克尔·珀西的《观影人》一书中,我最喜欢的是宾克斯·博林给那些爱提人生信条的家伙们盖棺论定的一段话:

> 每晚10点,我都会收听一个名为《这我相信》(*This I Believe*)的节目……我们美国几百位头脑最为敏捷的人,有思想、有智慧的人,成熟且有洞见的人,会在节目中讲述自己的个人信条。到目前为止,我已经听过了两三百个人,而他们无一例外都很令人钦佩……如果要总结一个他们共有的特质,我一定会说是善意。他们的人生就是善意的伟大胜利。他们会用最温暖和慷慨的情感去喜爱每个人。而至于他们自己,即使是一个阴郁的人,也很难

---

[1] 原文为 beach bum,指的是那些整天在海滩上无所事事闲玩的人,有时候也特指那些炫耀傲人身材的冲浪爱好者。

吝啬对他们的喜欢。

今晚的主角是一位在自己的剧作中传递这种善意的剧作家。他说道：

"我对人们信心十足。我相信人与人之间要有宽容与理解。我还笃信每个人都是独特和有尊严的——"

《这我相信》中的每一个人都相信人的独特与高贵性。但我又注意到，这些信奉者自己却并没有多么独特。事实上，他们就如同一个豆荚里的豌豆。

被你说中了，宾克斯。不过我必须得说一句，豆荚里还蛮舒服的呢。

术语表

下述解释的术语,相信不少读者都很熟悉,不过我还是把它们列在了这里,因为大学之后,这些术语很可能一不留神就被那些更迫切需要解释的词——比如"话题标签(hashtag)"和"自拍(selfie)"——给淹没掉了。

悖论(Paradox):指在逻辑学中,某个论断或者命题看起来既真又假,或某个论断自相矛盾。伯特兰·罗素的典型悖论就问道:"由所有不包含自身的清单组成的清单会包含它自己吗?"如果你说包含,那它就不该包含,反之亦然。在人类的思考中,悖论一般会导致认知失调,并以一个讪笑告终。

不可化约性和可化约性(Irreducibility and reducibility):在有关意识是否和大脑活动是两种不同现象的哲学讨论中,这两个词汇经常出现。意识可以被有意义地简化为大脑活动吗,还是意识本身不可能被简化成我们脑瓜子里一堆横冲直撞的原子?

不可知论(Agnosticism):这种哲学立场是指神的存在或不存在是不可知的,与之对照的是有神论(theism)和无神论(atheism)。通常而言,不可知论者在一生的大多数时间里都是骑墙派,而且他们还发现自己骑得很不舒服。

存在主义(Existentialism):这一哲学流派认为,活生生、有意识的人,是一切值得思考的事物的核心。与其截然相反的"大局"哲学(big picture philosophy),则主要关注宇宙的本质,而人类在这个宏观大局中只是微乎其微的部分。有些存在主义者秉承的观点是,人生的意义只能由个人来创造,所以他有义务和责任去有意识地做出这个意义的选择。

功利主义(Utilitarianism):一种道德和政治哲学,提出了"最大多数人的最大福祉/幸福"这一原则。根据功利主义总设计师之一的杰里米·边沁所言,其基本观点是在个人的幸福和社会的幸福之间找到平衡点,"每个个体都要被无差别地考虑到"。功利主义以幸福为最终目的,是享乐主义的一种。

荒诞主义(Absurdism):这个概念是说,一方面,我们渴望找到人生的意义,但另一方面,它又无法理性地达成,而这二者之间是不可协调的。当然,到底如何荒诞地生活,哲学家们也是众说纷纭。一些欣然接受了这种荒诞主义观点的人发现,它有一种苦乐参半的滑稽感。

经验主义（Empiricism）：这一哲学流派坚持认为，对外部世界的认识（相对于分析逻辑及合理运用分析逻辑的知识）只能来自感官经验。17—18世纪时，为了回应理性主义，英国经验主义开始崛起。经验主义是一种认识论的立场，有时候可以用这么一句话来概括——所见即所得（what you see is all you get）。

可证伪性（Falsifiability）：在当代的科学哲学中，有个权威宣言是，只有能被可信的证据反证时，某个理论才是正确的。心理学方面的理论一般都过不了可证伪性这一关的测试。比如，无论摆在弗洛伊德前面的证据是什么——某个病人信誓旦旦地宣称爱上了自己的母亲，或痛恨自己的母亲，或对母亲漠不关心——这位精神分析学之父都坚称俄狄浦斯情结（the Oedipus complex，即恋母情结）是成立的，这些病人各自表现出来的仅仅是恋母情结不同的临床表现。换句话说就是，没有什么证据可以证明他的理论是错误的，所以根据可证伪性原则，他的理论也无法被证明是正确的。这里的"可证伪"并不是指"错误"，而是说，如果某个论断是错误的，那么其错误性就可以被证明。很棘手吧？

理性主义（Rationalism）：认识论中的理论，指的是真实性开始和结束于头脑，而非感觉中。这是一种终极的理智主义（intellectualism），声称一切都可以通过推理来搞清楚。而要实现这一点，现实就必须拥有本质上合乎逻辑的设计。接下来我们要做的，就是努力去思考某个东西，然后它的本质就会在我们的脑袋里自行展现出来。

逻辑实证主义（Logical Positivism）：这是20世纪早期的一个哲学流派，它将哲学范围限定在了科学方法（经验证实）和逻辑学之内。哲学曾思考过的其他那些问题，例如，形而上学、伦理学、神学，由于都无法被证实，所以也就无意义，该被一起抛到窗外。

人类中心主义（Anthropocentrism）：这种世界观是指，人类是宇宙中最重要的元素，尤其在和动物或上帝做对比时更是如此。在你的宠物或者上帝面前宣扬这种观点，常会被认为是失礼的行为。

人身攻击（Ad hominem）：这是"人身攻击谬误"（argumentum ad hominem）的简称，意思是反对某人的观点或立场时，驳斥的论据却建立在他的个人品格上。有时一个人宣扬某种人生哲学，但自己不一定能做到，那么抨击他的哲学时，就可以用这个词，例如，"他说一套，做一套，所以我才不会听他的建议呢"。与之截然相对的，是诉诸权威，也就是接受某个观点是因为，发出该观点的是某个被认为很可信的人，例如，"从个人角度讲，我对气象学知之甚少，但我相信全球变暖的威胁所言不虚，因为在全球所有广受尊敬的气象学家中，有95%的人是这么说的"。

人文主义（Humanism）：这个哲学立场认为，人类的福祉是头等大事。在当代，人文主义指的是追求这种福祉与神无关，为其他人带来福祉本身就是一种价值,而不是为了履行对神的责任。

认识论(Epistemology):研究知识的学问。基本上,认识论就是在问,如何理性地判断可知性?我们如何确定什么是真实的?我们如何分清哪个命题是真,哪个是伪?必然性的基本原则是什么?认识论要做的,就是试图在知识和单纯的信仰之间划出一条界线。认识论和逻辑学、伦理学以及形而上学构成了哲学的主要问题。

唯物主义(Materialism):这一哲学立场认为,宇宙中只有一样事物,那就是物质。物质之外的东西,要么可以被化繁为简归为物质,比如思想就被简化为大脑中的物质在工作;要么就不存在,比如牙仙。

无矛盾律(Law of Non-contradiction):逻辑学的基本定律之一,指的是两个对立的命题不可能在同样意义上同时为真。逻辑上,你不可能说"X是足球"和"X不是足球",然后宣称它们在同样意义上同时为真。没有无矛盾律,任何理性讨论都是天方夜谭。

现象学(Phenomenology):这一哲学学科研究的是主观意识及其构架。阅读的现象学、手写的现象学、地点记忆的现象学,都有整部的论文专著来论述。如果这些听起来很像那些自我意识很强的人大多数时候干的事,你就理解对了。

享乐主义（Hedonism）：这个理论指的是，快感是人生价值的唯一所在，所以去追逐吧。同样地，痛苦会减少生活的快感，所以要想尽办法避免痛苦。简言之就是，感觉好就是真的好。享乐主义有很多哲学变种，而且思考哪一种都是一件乐事。

形而上学（Metaphysics）：哲学的主要议题之一，基本上囊括了除逻辑学、认识论和伦理学之外的一切。形而上学关注的是宏观的大方面：什么是"存在"？宇宙是什么？它是由什么组成的？捎带还有，生活的意义是什么？

虚无主义（Nihilism）：一种以消极态度对待哲学和生活的思想。虚无主义有好几种类型，有的否定一切的存在，有的否定认识一切的可能性，有的则总体上只否定社会和政治习俗和道德规范。这不是什么令人感到宽慰的哲学，它总让我想起李尔王的一句话："无中不会生有。"

一元论（Monism）：这种形而上学的立场认为，从根本上讲，宇宙及其中的一切都是一个本原，受一套统一的自然法则指引。认为整个宇宙仅由原子构成，而原子则受普遍的物理定律支配，就是一种一元论的论断。唯物主义是一元论的一种形式。

哲谑（Philogag）：这个新词指的是能解释或者阐明某个哲学概念的笑话，还可以用来描述那些本身就很好笑的哲学概念，如很多悖论。

致谢

几年前,我决定见好就收,不再写书,希望把剩下的时间奉献给老年人干的那些事儿——基本上就是颐养天年、思考人生,顺便多陪陪朋友和家人。但正是这种思考,把我吸引到了那本老旧的"金句"笔记本上,从几十年前中断的地方将它重新捡拾起来。当我把自己最近在做的事情跟我的朋友兼经纪人茱莉亚·洛德说了之后,她要求我拿给她看看,而看过之后,她又建议我把笔记集结成书。这一切都说明,我不是个值得信任的人,连我都不信任自己。但是谢谢你,茱莉亚,我非常感激你对我的帮助。

我还很感谢另外两位朋友,他们在哲学上的见识要比我渊博太多:我的老朋友汤姆·卡斯卡特和我的新朋友沃威克·福克斯,一位已经退休的英国哲学教授。他们二人大方地过目了我的手稿,帮我勘正了不少差错。尤其是论据方面的谬误,他们不但找出了好多处，还主动献计献策，提供观点和例子，帮我改正。拥有比自己博学的朋友，实乃人生幸事。

我还要谢谢我的女儿萨马拉，她是我们家好几代人中第一位研究犹太文物的学生。虽然她认为"我对《塔木德》的了解大约只有九件事"，但还是建议我引用其中的两件。我还要感谢萨马拉的伴侣丹尼尔，一个"燃烧自己的人"，是他提醒我留意到了蒂莫西·利里的文章。

一如既往地，我太太弗莱克·瓦斯特检查了手稿中的语言和文法错误，找到并帮我改正了很多处。虽然这让我有点儿无地自容，尤其考虑到英文还是她的第二语言，但我还是很感激她。

我要谢谢彼得·切奈夫，他不但阅读了手稿，还提出了宝贵的意见。

我很幸运，能与企鹅图书几位如此体贴关照、一丝不苟、催人奋进的编辑合作，他们是：帕特里克·诺兰、艾米丽·贝克尔、麦克斯·里德。感谢各位。

最后，我要以一件十分伤感的事情来结尾。在我修改这份手稿的最后几个星期里，我的狗斯诺克斯因为癌症去世了。它不仅是我的亲密朋友和伙伴，在许多方面还是"活得幸福"这门艺术里我最有说服力的老师。陪伴了我这么多年，在此我要向它致以最衷心的感谢。